环境与资源博士文库（第四辑）

本书由国家自然基金项目（41930109/D010702，41771455/D010702，42401088/D010702，42271082/D010702）资助

区域地面沉降突变成因机理量化研究

郭 琳 宫辉力 朱 琳 著

中国环境出版集团·北京

图书在版编目（CIP）数据

区域地面沉降突变成因机理量化研究 / 郭琳，宫辉
力，朱琳著. -- 北京：中国环境出版集团，2024. 9.
（环境与资源博士文库）. -- ISBN 978-7-5111-6018-8

Ⅰ. P642.26

中国国家版本馆CIP数据核字第2024A3D852号

责任编辑　殷玉婷
文字编辑　苗慧盟
封面设计　宋　瑞

出版发行　中国环境出版集团
　　　　　（100062　北京市东城区广渠门内大街 16 号）
　　　　　网　　址：http://www.cesp.com.cn
　　　　　电子邮箱：bjgl@cesp.com.cn
　　　　　联系电话：010-67112765（编辑管理部）
　　　　　发行热线：010-67125803，010-67113405（传真）
印　　刷　北京中科印刷有限公司
经　　销　各地新华书店
版　　次　2024 年 9 月第 1 版
印　　次　2024 年 9 月第 1 次印刷
开　　本　787×960　1/16
印　　张　8.25
字　　数　140 千字
定　　价　60.00 元

中国环境出版集团郑重承诺：

中国环境出版集团合作的印刷单位、材料单位均具有中国环境标志产品认证。

前　言

地面沉降是指由自然因素或人类工程活动引发的地下松散岩层固结压缩，并导致一定区域范围内地面高程降低的地质现象。目前，有超过 200 个国家和地区发生过地面沉降，地面沉降已成为全球性的地质环境问题。2021 年 1 月，联合国教科文组织地面沉降工作组在《科学》（*Science*）杂志上发表 *Mapping the Global Threat of Land Subsidence* 一文，指出到 2040 年地面沉降可能影响全球 19%的人口，总计达到 16 亿人次，受影响最严重的国家是中国和印度。我国地面沉降主要发生在华北平原、长江三角洲、汾渭盆地及珠江三角洲等地，并呈现显著性地域差异。总体来说，连片性地面沉降持续增长情况在华北平原（京津冀地区）、长江三角洲地区得到有效控制，在汾渭盆地和珠江三角洲地区仍呈较快发展趋势。

在南水北调、城市副中心建设等新背景下，近年来，北京平原区特别是通州地区，地面沉降速率、变幅、面积等快速变化，甚至出现地裂缝群发等复杂演化。本研究以北京平原区为背景区，以通州地区为重点研究区，基于突变—非线性理论，优化集成 InSAR、三维地震频谱谐振勘探技术（Seismic Frequency Resonance Technology，SFRT）、深度学习等新技术方法，开展区域地面沉降突变成因机理研究。在长时序

InSAR 监测结果的基础上，采用 Mann-Kendall 突变检验、散度和重心转移等方法，识别研究区沉降突变的空间模式；开展地震频谱谐振试验，结合地面沉降野外台站控制性水文地质剖面等资料，构建通州地区典型区沉降演化实体空间结构模型；分别从城市"长高、长深、长大"的视角，联合多源空间数据，揭示北京平原区沉降突变机理；创建基于注意力机制的堆叠 LSTM 通州地区地面沉降预测模型，量化通州地区沉降区的分层地下水水位、可压缩层组、动/静载荷与断裂带对沉降的贡献，为区域沉降精准防控、预警提供了可借鉴的新方法。本研究的主要内容和结论如下。

1. 北京平原区地面沉降快速变化空间模式的识别

本研究运用 55 景 2003 年 6 月—2010 年 9 月 ENVISAT ASAR 数据和 81 景 2010 年 11 月—2020 年 1 月 RADARSAT-2 数据，通过 GAMMA 软件，使用 PS-InSAR、SBAS-InSAR 技术，分别获取 3 个时段（2003—2010 年、2010—2016 年和 2017—2020 年）的北京平原区时序地表形变信息，并融合时序监测结果。2003—2019 年北京平原区地表形变速率区间为 –136.9～6.0 mm/a，平均沉降速率约为 –12.9 mm/a，地面沉降具有明显的空间差异性。

在长时序 InSAR 监测的基础上，联合数理统计等方法，本研究确定了北京平原区沉降突变的最优格网为 960 m×960 m；利用 Mann-Kendall 突变检验方法，量化了研究区沉降速率的突变范围及对应时间。地面沉降场散度结果显示，2010—2014 年研究区沉降散度区间为 –13.1～14.2，2015—2019 年研究区沉降散度区间为 –10.5～11.3；在新水情背景下，北京平原区地面沉降散度场的震荡区间有所减小。2004—2015 年，北京朝阳—通州地区沉降漏斗重心主要分布在石各庄—永顺一带，其扩张方向明显，方向角度为正北方向顺时针旋转 113.3°。

2. 城市扩张背景下区域沉降突变机理

本研究将 SFRT 和 InSAR 相结合，结合多源空间数据，构建通州典型区沉降演化实体空间结构模型，为定量研究地层结构、揭示不均匀沉降机理提供了一种新方法。结果表明，在 SFRT 试验剖面线上，识别了东八里庄—大郊亭沉降漏斗的空间边界，燕郊断裂带控制该漏斗向东南方向扩展，地面沉降在 F8-2、F8-6、F8-8 具有明显的分段特征。

北京朝阳—通州地区城市扩张与地面沉降漏斗（沉降速率 > 50 mm/a）的发展方向高度一致，分别为正北方向顺时针旋转 116.8°和 113.3°，两者在空间上具有较强的一致性。在区域尺度上，沉降突变的空间分布整体上受地质条件控制，承压水水位快速下降是导致 2005 年北京平原区沉降突变的主要因素，其沉降速率与承压水水位具有较高的时空一致性，其相关性均大于等于 0.62。在通州沉降典型区(局部尺度)，沉降突变与地层密度变化较大（由于人类开采地下水引起）的地区，具有较好的空间一致性。在地质体相对单一的条件下，集聚型沉降突变与断裂带分布具有空间一致性，位于断裂带两侧 1 000 m 缓冲区范围内；分散型沉降突变呈点状分布，横向影响范围相对较小，基本包含高层建筑。

3. 不同城市化进程下沉降典型区人工智能预测模型

基于 SFRT 和 InSAR 获取的断裂带横向影响范围具有较高的一致

性，交叉识别了断裂带对沉降突变的影响。注意力机制模型结果显示，2014—2018 年通州沉降典型区可压缩层的贡献率最大，为 55.4%～68.9%；其次为地下水水位，贡献率为 18.7%～32.8%；道路动载荷、建筑静载荷和断裂带的贡献率相对较小，其中，道路动载荷的贡献率为 4.2%～5.2%，建筑静载荷的贡献率为 3.9%～4.8%，断裂带的贡献率为 3.8%～4.9%。不同城市化进程下堆叠的 LSTM 地面沉降预测模型结果精度均较高，损失曲线均很快收敛且较为稳定，判定系数 $R^2 \geqslant 0.95$，RMSE$\leqslant 3.17$ mm/a。

目　录

第 1 章 绪 论

1.1 研究背景与意义

（1）针对北京城市急速扩张背景下地面沉降复杂演化的严峻现状，开展多学科交叉的区域地面沉降防控研究

区域地面沉降严重威胁城市安全，有超过 200 个国家和地区发生过地面沉降，地面沉降已成为全球性、复杂性、多学科交叉的科学问题[1-5]。京津冀平原拥有全球最大的地下水超采降落漏斗、全球最大的地面沉降区[6,7]。近年来，在南水北调新水情、城市集聚扩张的背景下，北京平原区特别是通州地区，地面沉降呈现明显的不均匀性、复杂性演化特征[8]。该地区发生地面沉降年代较晚，于 1999 年发现地面沉降，但其累计沉降量和沉降速率都比较大，近年来已成为北京地面沉降最严重的区域之一。截至 2016 年，通州地区最大累计沉降量为 1 669.8 mm，最大沉降速率为 159.6 mm/a（台湖镇，2012 年），沉降速率大于 50 mm 的地区面积为 169.7 km^2 [9]。因此，针对北京平原区特别是通州地区地面沉降的新变化，亟须开展多学科交叉的地面沉降防控研究[10]。

（2）在南水北调、北京城市副中心快速形成的新背景下，识别北京平原区沉降快速变化的空间模式，为深化区域地面沉降研究和综合防控提供科学支撑

基于人类历史上迄今为止最大的调水工程——南水北调工程，叠加北京城市快速扩张等因素，北京平原区不均匀沉降特征明显，甚至出现地裂缝群发等复杂系统演化[11,12]。区域地面沉降演化的差异性、突变性、非线性规律愈加复杂。在长时序 InSAR 数据基础上，拟基于突变—非线性理论，优化集成空间分析、散度、Mann-Kendall 突变检验和重心转移等技术方法，量化城市扩张背景下北京平原区

沉降快速变化的空间模式，识别区域沉降突变的时间及对应空间范围，为城市地面规划、地面沉降的防治提供科学支撑。

（3）针对地面沉降演化的新模式、新趋势，亟须新技术方法的优化集成

优化集成 InSAR、深度学习地球物理勘探三维地震频谱谐振等[9]新技术方法，并将其数据集与地面沉降野外台站观测孔系统、地下水动态监测网等多源空间数据有效融合。三维地震频谱谐振勘探技术（Seismic Frequency Resonance Technology, SFRT）已实现对地下空间体密度分布进行亚米级垂向成像，有效融合了"自然资源部京津冀平原地下水与地面沉降野外科学观测研究站"等提供的监测孔和控制性水文地质剖面等资料，精准识别地层结构和地质属性；联合水文地质、基础地质条件，量化断裂的准确位置、封堵性特征，解译可压缩层空间分布和属性信息，构建典型区沉降演化实体空间结构模型。

（4）量化不同城市化进程下（城市、城乡交接带、农村）地面沉降复杂成因机理，为区域差异性沉降精准防控提供新方法和科学依据

地面沉降成因机理是多因子复杂系统叠加，其发生、发展和演化是非线性的过程，很难定量综合评价各因子的权重贡献并进行预测。本研究在识别通州沉降典型区地下实体空间结构模型的基础上，运用核密度函数、空间分析等方法，结合注意力机制在深度学习中的新进展，获取研究区地面沉降各影响因素（分层可压缩层厚度、分层地下水水位、建筑物体积、道路和断裂带）的贡献率。运用堆叠的长短期记忆人工神经网络，建立不同城市化进程下地面沉降人工智能预测模型，为区域地面沉降的精准防控提供科学支撑。

1.2 国内外研究现状

地面沉降是指由自然因素或人类工程活动引发的地下松散岩层固结压缩，并导致一定区域范围内地面高程降低的地质现象[13]。世界上有超过 200 个国家和地区发生了地面沉降，其中包括墨西哥中部[14,15]、印度尼西亚万隆盆地[16,17]、伊朗中部[18]、意大利北部[3,19]和美国拉斯维加斯等[20,21]地，地面沉降已成为全球性的地质环境问题[3,4,22-27]。

目前，我国地面沉降主要发生在华北平原[28-30]、长江三角洲[31]、汾渭盆地[32,33]

和珠江三角洲[34]等地，并呈现显著性地域差异。总体来说，华北平原（京津冀地区）连片性地面沉降持续增长[35]、长江三角洲地区得到有效控制[36,37]、汾渭盆地[27]和珠江三角洲地区仍呈较快发展趋势[34]。地面沉降研究具有综合性、交叉性、复杂性等特征，经过半个世纪的不懈探索，国内外专家、学者在地面沉降监测、演化规律、成因机理和预测等方面取得了系列研究成果[38-43]，下面将从这 4 个方面进行论述。

1.2.1 地面沉降监测方法研究

地面沉降传统监测方法包含水准测量、分层标测量和全球定位系统（Global Positioning System，GPS）测量等[44]。传统的监测方法精度高，但需花费大量人力、物力，且空间分辨率低，不能反映整个区域的地面沉降情况。合成孔径雷达干涉测量（Interferometric Synthetic Aperture Radar，InSAR）技术是利用同一地区多时相 SAR 数据的雷达相位信息反演地形及地表形变，具有全天时、全天候、大范围获取区域地表形变信息的优势[13]。作为 InSAR 技术的扩展，差分干涉测量技术（Differential Interferometry Synthetic Aperture Radar，D-InSAR）可通过雷达图像的相位信息提取地表形变信息，但容易受轨道误差、大气误差及地形误差等影响[45]。因此，多时相合成孔径雷达干涉测量技术应运而生，包括永久散射体（Persistent Scatterers，PS）干涉测量技术[13]、小基线集（Small Baseline Subset，SBAS）技术[46]、干涉点目标分析（Interferometric Point Target Analysis，IPTA）[47]、相干点目标分析（Coherent Point Target Analysis，CPT）[48]和斯坦福方法（Stanford Method for Persistent Scatterers，StaMPS）[49]等。时序 InSAR 技术有效地提高了监测精度，被广泛应用于地面沉降[2,50]、地震形变[51,52]和矿山形变[45]等领域。

PS-InSAR 技术通过跟踪影像期间部分散射特性稳定的点（永久散射体，PS点，如建筑物、道路和裸露岩石等）来获取地表形变信息[53]，能有效克服时间基线过长造成的失相干。但 PS-InSAR 技术的 PS 点选取在植被覆盖区（非城区），导致部分地区无法得到完整的地表监测信息。Berardino 等[54]和 Hooper 等[55]先后于 2002 年、2004 年提出小基线干涉测量（SBAS-InSAR）技术，该技术融合了若干个小基线干涉数据集，提升了地表监测的时间分辨率，有效地降低了时间、空间去相关影响，为监测地面沉降提供了新的技术支撑[56]。Kampes 和 Adam[57]通过建立随机模型和函数模型，提出了时空解缠网络算法（STUN），该方法利用最小二乘法进行参数最优估计，保证了形变信息提取的精度。Hooper[49]提出了 MT-InSAR 分析方法，该方法融合 SBAS-InSAR 与 PS-InSAR 技术，可显著提升相干点密度和信噪比，提高解缠精度。Pablo 等[58]融合小基线干涉测量与 PS-InSAR 技术，提出了 CPT-InSAR 技术，在确保足够相干点的基础上将干涉对的时空基线增大，增加了干涉对的数量，从而提高了形变演算的精度。Perissin 等[59]采用德劳内图或最小生成树结构，提出适用于植被较茂密或人造物较少地区的 Quasi-PS（QPS）方法。

国内 InSAR 地表形变监测方法的研究可追溯至 20 世纪 90 年代。在进行常规 D-InSAR 试验的同时，众多学者对误差的限制因子进行了研究[60,61]。针对 D-InSAR 易受轨道误差、大气误差等限制，武汉大学李德仁、廖明生率先将 PS-InSAR 技术引入国内[52,60]，随后很多学者对算法进行了改进。西南交通大学蔡国林等[62]在 PS-InSAR 的基础上，利用经验模型分解对相位中的大气延迟和随机噪声进行分离；复旦大学魏志强等[63]提出一种基于蚁群方法的解缠算法，其利用蚁群算法求解连接残差点的最短路径，对路径进行了分割，生成更短的分割路径；武汉大学何楚等[64]基于 CRF 模型，提出了一种多极化 InSAR 联合相位解缠算法，减小了相位解缠等引起的误差；中国地质大学王军飞等[65]在 Goldstein 枝切法基础上，提出一种改进的枝切解缠算法，用改进的行扫描线积分法进行解缠积分，提高了解缠效率。首都师范大学余洁等[66]提出一种改进的基于经验模态分解 EEMD 的 InSAR 干涉相位滤波方法，能有效滤除干涉图噪声，在条纹边缘等细节保持上具有较大优势。中南大学汪友军等[67]提出了一种利用方差分量估计的方法，融合 InSAR 和 GNSS 实现高精度空间分辨率的三维地表形变监测结果。首都师范大学 Zhang 等[68]提出了一种基于水准约束的多方向永久散射体干涉测量三维解算方法，获取了 2016—2018 年北京平原区三维地表形变信息。

1.2.2 InSAR 监测方法应用——地面沉降演化规律研究

随着 InSAR 技术快速发展，以及 ERS-1/2、ALOS PALSAR、ENVISAT ASAR、TerraSAR-X、COSMO-SkyMed、RADARSAT-2、Sentinel 1/2[9,69-71]等多平台 SAR 卫星的相继发射，国内外许多学者结合实际应用需求，在地面沉降热点地区开展了系列研究。张勤等[61]利用 TerraSAR-X 数据，采用 SBAS-InSAR 技术获取西安

形变场信息，为区域地铁修建等重要工程提供科学依据。Chaussard 等[72]利用 ALOS PALSAR 数据对墨西哥中部进行地面沉降监测，证实过量开采地下水是该地区沉降的主要因素。Amighpey 等[73]利用 ENVISAT ASAR 数据获取了伊朗中部 Yazd-Ardakan 平原的地表形变信息，并将其与水位变化进行对比，进而估算骨架蓄水系数。Zhang 等[35]利用 ERS-1/2、ENVISAT ASAR 和 RADARSAT-2 数据，获取了 1992—2014 年京津冀地区地表信息，并与 120 多个水准点进行对比验证。Zhao 等[44]利用 ALOS PALSAR 数据分析了临汾—运城盆地地表形变信息，并成功探测到该地区活动断裂位移信息。Del Soldato 等[74]利用 ENVISAT ASAR、Sentinel-1 和 GNSS 数据，获取了 2003—2017 年意大利中部平原地表形变信息。

北京平原区地面沉降的发生、发展、演化已有半个多世纪的历史，由于其叠加了全球最大的地下水降落漏斗、城市集群迅速扩张等复杂因素[30,45,48,75-78]，已成为全球最具有研究意义的地面沉降区之一（UNESCO 全球 30 个研究示范项目，2012）。许多学者采用 InSAR 技术开展了北京平原区地面沉降研究，结果表明，北京平原区地面沉降划分为南北两个大区、七个沉降中心，沉降漏斗连成一片，区域不均匀沉降特征明显[79]。Chen 等[80]利用 ENVISAT ASAR 数据，选取永久散射体干涉测量技术（PSI）监测 2003—2006 年北京平原区地面沉降，结果表明，第四纪断裂对地面沉降空间格局具有一定影响，通常发生在黏土层厚度大于 50 m 的地区。Chen 等[81]利用 ENVISAT ASAR 数据获取了 2003—2010 年北京平原区地面沉降信息，并结合空间分析技术，分析了不均匀沉降的时空演化特征。Zhu 等[82]结合 ENVISAT ASAR、LANDSAT 和水文地质数据，对北京密云、怀柔、顺义地区的地面沉降进行了研究，结果表明，该地区最大沉降速率达到 52 mm/a，粉质黏土层对地面沉降有较大贡献。Chen 等[83]利用 RADARSAT-2 数据揭示了北京地铁 6 号线沉降的时空变化特征，结果表明，地表形变在地铁建设过程中最不稳定。Zhou 等[30]采用 TerraSAR-X 数据监测了 2010—2015 年北京东部平原区地表形变信息，结合对应分析法，分析不同土地利用类型与地面沉降的关联关系。Guo 等[11]利用 ENVISAT ASAR 和 RADARSAT-2 数据，监测北京平原区 2004—2015 年地表形变信息，选用 Mann-Kendall 突变检验方法，获得地面沉降突变时间和对应的空间分布。Lyu 等[75]利用多平台 SAR 数据，获取北京平原区 2003—2017 年地面沉降时空分布，分析南水北调前后地面沉降动态响应模式。Cao 等[84]运用 Sentinel-1/2

数据，获取了北京通州地区 2015—2018 年地表形变速率，并指出该地区地面沉降与扩张强度指数（EII）、扩张梯度指数（EGI）呈正相关关系，说明城市扩张对地面沉降具有一定的影响。

突变—非线性理论以拓扑学为工具、结构稳定性理论为基础，是从一种稳定组态跃迁到另一种稳定组态的现象和规律，该理论由法国数学家 Rene Thom 于 1968 年提出并系统阐述，已广泛应用于火山爆发、断层运动等领域[85]。近年来，北京平原区特别是通州城市副中心，在南水北调新水情、城市进程快速扩张等背景下，地面沉降速率、变幅、面积快速变化，甚至出现地裂缝群发等现象，有必要基于突变—非线性理论，采取 Mann-Kendall 突变检验、散度和空间分析等技术方法，定量捕捉北京平原地面沉降演化的差异性、非线性、突变性规律。

1.2.3 地面沉降成因机理研究

从地面沉降成因机理来看，地面沉降的发生、发展、演化受到自然因素和人为因素的影响，其中自然因素包括地质构造和土体次固结等，人为因素包括过量开采地下水、动载荷往复打击的应力作用等[10,47,77,80,86-90]。近 20 年间，国内外学者开展了多学科交叉研究，旨在揭示复杂条件下地面沉降的成因机理。

（1）地面沉降对地下水流场的响应研究

地下水开采导致含水层系统释水压缩、土层固结变形，是抽水引起地面沉降的成因机理。张云等[91]分析了上海地下水水位变化模式下土层的变形特征，结果表明，同一土层可为弹性、弹塑性或黏弹塑性的变形特征，地面沉降与地下水开采量、地下水开采层及主要沉降层具有密切关系。贾三满等[92]对北京平原区含水层组和压缩层组进行了系统划分，并运用土层固结实验、分层标和地下水位数据，表明超量抽汲地下水是北京平原地面沉降的主要诱因，地面沉降的发生发展、分布规律与地下水动态变化、地层岩性和结构特征密切相关。Bell 等[93]运用 PSI 技术和 GPS 技术，获取美国拉斯维加斯地区长时间地表形变信息，表明在人工回灌的地区，浅层地下水水位呈不断上升趋势，但在山谷部分地区，非弹性地下水系统压实造成的地面沉降现象仍在持续。骆祖江和黄小锐[89]综合考虑了土体的非线性特征等因素，引入邓肯-张非线性模型和渗透率动态模型，构建了浅层地下水开采与地面沉降的耦合数值模型。Zhou 等[38]、Chen 等[79]、Gong 等[94]选取北京平原典型区域，对北京地面沉降演化机理进行了系统分析，并结合常规的水准测量、GPS 测量等监测方法，联合水文地质条件，证明北京平原区地面沉降发生与演化的主要原因为过量开采地下水，地面沉降的主要贡献层为 100～180 m，而动/静载荷对区域地面沉降的演化也具有一定影响。胡东明[95]运用 SBAS-InSAR 和 PS-InSAR 技术，获取了西安地区 2015—2019 年地表形变信息，并指出 2018 年鱼化寨地区地表回弹可能与该地区地下水回灌具有一定的关系。

（2）地面沉降对区域动/静载荷应力场的响应研究

随着城市集群的快速扩张，高层高密度建筑群产生的静载荷、立体交通网络（地铁、立交桥等）形成的动载荷急剧增加，区域差异性沉降问题尤为突出[96]。针对此问题，国内外学者开展了深入研究。唐益群等[97]通过室内模型试验，阐述了上海典型地质背景下，地面沉降对高层建筑群的响应关系，结果显示，密集高层建筑群之间存在显著的应力叠加作用。丿德民等[98]综合考虑了土体固结沉降的平衡条件和弹性本构条件等因素，建立了天津典型地区高层建筑静载荷和地下水开采叠加作用下的地面沉降模型，表明抽水和高层建筑物荷载的叠加对地面沉降具有耦合效应。伊尧国等[99]从地理信息模型和建筑静荷载引发沉降的机制入手，综合考虑了建筑容积率、压缩层厚度、土体压缩模量等 6 个诱发因子对地面沉降的作用，构建了天津建筑荷载背景下区域地面沉降模型。Yang 等[77]利用 ENVISAT ASAR、TERRASAR-X 和城市建筑信息，从区域、街区和建筑尺度上分析了北京东部平原区地面沉降与建筑密度之间的响应关系。Zhou 等[47]结合数据场和随机森林等方法，定量获取了各影响因素（如地下水水位、可压缩层组、动载荷和建筑指数）对北京平原区地面沉降的贡献程度。

（3）北京平原区地面沉降与可压缩层组的响应研究

贾三满等[92]综合考虑了北京平原区水文地质条件、基础地质条件和地面沉降的现状，结合沉降典型区钻探、土工试验等数据，首次对北京平原区的可压缩层组进行了划分。雷坤超等[100]利用分层标和长时序地下水水位数据，系统分析了不同压缩层组在不同水位变化模式下的形变特征。一般来说，可压缩层厚度与地面沉降具有一定的正相关关系；现阶段，北京平原区沉降主要贡献层集中在第二可压缩层组和第三可压缩层组；当压缩层厚度较大时，即使地下水水位变化较小，也可能产生较大的地表形变。

以往研究的可压缩层组信息主要依据钻探、土工试验等，此类数据成本较高且空间分辨率较差。近年来，SFRT 利用地震波与地质体的谐振关系，对地质体的传播函数进行成像，反演地质体密度。可尝试运用 SFRT 获取的地下介质密度信息，结合钻探等水文地质资料，精细量化重点研究区可压缩层厚度。该方法具有抗干扰强、成本较低、辨识精度高、不破坏现有地下结构和周边环境等优点，特别适用于城市地质环境监测。

1.2.4 地面沉降模拟与预测研究

地面沉降的模拟预测主要包括数值模拟模型、数据动模型和人工神经网络模型等。其中，数值模拟模型利用有限元、有限差分法建立地下水与地面沉降的耦合数值模型，该方法基于本构关系，可模拟预测不同地下水开采下的地面沉降，具有良好的解释性[2,91,101]。该模型需要具体的基础地质和水文地质参数来准确刻画复杂的地层结构，从而确保精确度，但一般而言，该类先验知识难以搜集，且运用难度较大。灰色模型（Grey Model，GM）及其他算法处理非线性特征的改进型 GM，从时序的沉降数据出发，挖掘数据特征，进而可以实现较为短期的预测，但这类模型较难开展长期预测[102]。人工神经网络模型中的长短期记忆神经网络[103]（Long Short-Term Memory，LSTM）是一种时间循环神经网络，该方法解决了循环神经网络（RNN）存在的长期依赖问题。作为一种深度学习模型，LSTM 模型已被广泛应用于交通流量、空气污染、地面沉降等具有时序特征的空间信息相关的模拟预测。Li 等[104]结合多影响因素数据，采用 LSTM 模型对北京平原区地表形变进行了模拟，结果表明，地面沉降严重区域模拟结果精度高于沉降轻微区域。

此外，深度学习中的注意力机制能够针对输出 Y 的每个时刻，对输入 X 的不同部分赋予相应的权重，该方法已被广泛应用于机器翻译、情绪分析等多个领域[105]。以往关于沉降贡献量的研究，主要采用相关分析对地面沉降与多种影响因素的关系进行定性分析。地面沉降是多种因素相互叠加形成的一种地质现象，各因素之间具有响应关系，是一种非线性函数关系[47]，故利用注意力机制模型研究各影响因素的贡献量具有可行性。曹鑫宇等[106]利用地下水水位观测孔数据和 InSAR 监测结果，运用基于注意力机制的长短时记忆网络（AM-LSTM）模型，对地面沉降进行了模拟，结果表明，基于 AM-LSTM 地面沉降预测模型的模拟精度优于传统 LSTM 模型，模拟精度最高提升了 22%。但该研究并未考虑可压缩层组、动/静载荷、地质构造对地面沉降的影响。

综上所述，可尝试开展新型物探技术与水文地质、遥感等多学科交叉，有效融合"自然资源部京津冀平原地下水与地面沉降野外科学观测研究站"等提供的监测孔和控制性水文地质剖面等资料，查明沉降典型区的地下空间结构、空间边界和空间参数；联合获取的地下水水位信息、研究区建筑体积和道路等资料，结合 InSAR 长时间序列的地表形变信息，运用 AM-LSTM 模型，开展不同城市化进程下北京通州地区地面沉降人工智能预测研究。

1.3 研究目标与研究内容

1.3.1 研究目标

在南水北调、城市副中心建设的新阶段，本研究以北京平原区为背景区、通州地区为重点研究区，针对区域地面沉降突变成因，优化集成 InSAR、SFRT 和深度学习等新技术方法，识别区域地面沉降突变模式，揭示成因机理，为区域地面沉降精准防控提供新方法与科学依据。具体研究目标主要包括：

①长时间序列研究区地表形变监测与验证，融合多源雷达干涉测量结果；

②运用 Mann-Kendall 突变检验、散度和重心转移等技术方法，揭示区域地面沉降快速变换的空间模式；

③结合多源空间数据，构建通州沉降典型区演化实体空间结构模型，定量揭示差异性沉降成因机理；

④系统阐述城市扩张背景下北京平原区地面沉降突变机理；

⑤创建基于注意力机制的堆叠 LSTM 通州地区地面沉降预测模型，量化通州沉降区的分层地下水水位、可压缩层组、动/静载荷与断裂带对沉降的贡献，揭示不同城市化进程下区域沉降复杂背景场的成因机制。

1.3.2　研究内容

在南水北调、城市副中心快速形成等复杂背景下，北京平原区特别是通州地区，地面沉降速率、变幅、面积快速增大，甚至出现地裂缝群发等复杂演化。本书以北京平原区为背景区、通州地区为重点研究区，基于突变—非线性理论，优化集成 InSAR、SFRT 和深度学习等新技术方法，开展区域局部沉降突变成因机理研究。在长时序 InSAR 监测结果的基础上，采用 Mann-Kendall 突变检验、散度和重心转移等方法，识别研究区沉降突变的空间模式；开展地震频谱谐振试验，结合"地面沉降野外台站"控制性水文地质剖面等资料，构建通州地区典型区沉降演化实体空间结构模型；分别从城市"长高、长深、长大"的视角，联合多源空间数据，揭示北京平原区沉降突变机理；创建基于注意力机制的堆叠 LSTM 通州地区地面沉降预测模型，量化通州沉降区的分层地下水水位、可压缩层组、动/静载荷与断裂带对沉降的贡献，为区域沉降精准防控、预警提供可借鉴的新方法。

（1）长时间序列区域地表形变监测提取

采用 PS-InSAR 技术和 SBAS-InSAR 技术，获取长时间序列（2003—2020 年）SAR 数据视线向（Line of Sight，LOS）地表位移信息；将 LOS 向形变量投影到垂直向，利用水准数据验证 InSAR 形变量，采用最邻近法融合多时相、多平台、多轨道的雷达干涉测量监测结果，获得时序融合的 2003—2020 年北京平原区地表形变信息。

①基于 PS-InSAR 和 SABS-InSAR 技术的北京平原区形变场监测与验证；

②融合多源雷达干涉测量结果。

（2）量化识别北京平原区地面沉降快速变化的空间模式

运用空间分析技术，对研究区进行不同尺度的格网剖分，利用数学统计和数据挖掘等方法，结合基础地质、水文地质条件，确定研究北京平原区地面沉降快速变化的最优尺度；采用空间链接的方法，获取各格网时序地表形变信息；基于突变—非线性理论，选取 Mann-Kendall 突变检验、散度和重心转移等方法，量化识别研究区沉降快速变化的空间模式。

①选取研究区域地面沉降场快速变换的最优尺度；

②各沉降单元长时间序列的 Mann-Kendall 突变检验、散度场信息；

③北京朝阳—通州地区沉降漏斗扩张的空间模式。

（3）构建典型区沉降演化实体空间结构模型

综合考虑地下水流场漏斗边界、沉降梯度变化较大区域、城市与农村的空间分布情况和沉降突变信息等，选取差异性沉降典型区；引入新型物探技术，开展SFRT 试验，反演地表以下 0～400 m 的密度场信息；结合国家地面沉降野外台站监测孔数据、地下水动态监测网数据和控制性水文地质剖面等，构建典型区沉降演化实体空间结构模型；有效融合野外台站等多源实测数据，联合 InSAR 获取的地表位移信息，"空中—地表—地下"量化不同城市化进程下区域不均匀沉降成因机理。

①区域差异性沉降典型区选取；

②开展 SFRT 物探试验，获取典型区地下空间密度场信息；

③依据国家野外台站提供多源数据，识别地下空间的边界、结构和参数；

④量化不同城市化进程下区域不均匀沉降成因机理。

（4）城市扩张背景下沉降突变机理研究

在长时序 InSAR 地表形变监测的基础上，优化集成雷达遥感、新型物探、空间分析和水文地质等多学科技术方法，结合土地利用类型、承压水观测孔长期实测数据、典型地区地层密度信息和建筑高度等，分析不同地质背景条件下北京平原区沉降突变机理。

①北京朝阳—通州地区城市扩张与地面沉降的关系；

②从城市"长高、长大、长深"角度，阐述北京朝阳—通州地区沉降突变机理。

（5）不同城市化进程下地面沉降人工智能模拟研究

充分收集研究区分层地下水水位、动/静载荷数据，引入核密度等方法，准确刻画研究区动/静载荷信息；集成深度学习的注意力机制模型，定量分析分层地下水水位、分层可压缩层组、动/静载荷和断裂带对地面沉降的贡献，揭示不同城市化进程下区域地面沉降复杂背景场的形成机制。基于采用注意力机制获取的地面沉降各影响因素的贡献量，运用堆叠的 LSTM 模型，建立多因子交互下研究区地面沉降人工智能预测模型，运用判定系数、损失曲线等指标评价模型的准确性，为深化区域地面沉降综合防控提供新方法与科学依据。

①结合沉降演化的实体空间结构模型，精准获取各检波点可压缩层组和断裂

带信息；

②有效融合多源数据，准确刻画研究区动/静载荷信息；

③运用注意力机制模型，定量识别各因子对区域沉降的贡献率；

④建立通州地区不同城市化进程下堆叠的 LSTM 地面沉降预测模型。

1.3.3　总体技术路线

本研究针对区域地面沉降突变成因问题，联合雷达遥感、空间分析、新型物探、水文地质等技术方法，开展跨学科交叉研究。结合南水北调新水情、城市副中心快速建设等背景，优化集成 InSAR、SFRT 和机器学习等技术方法的新进展，联合地面沉降野外台站监测孔数据、地下水动态监测网数据和控制性水文地质剖面等资料，构建典型区沉降演化实体空间结构模型；基于突变—非线性理论，结合 Mann-Kendall 突变检验、散度、重心转移和标准差椭圆等方法，量化沉降演化快速变化的空间模式；结合承压水观测孔长期实测数据、典型地区地层密度信息和建筑高度等，系统阐述城市扩张背景下北京平原区地面沉降突变机理；引入核密度等技术方法，精准获取研究区动/静载荷信息；联合深度学习的最新进展，选取注意力机制下堆叠长短期记忆人工神经网络模型，定量分析各影响因子对地面沉降的贡献，揭示不同城市化进程下地面沉降复杂背景场的成因机制；建立多因子交互下研究区地面沉降人工智能预测模型，为区域地面沉降精准防控提供科学支撑。本书总体技术路线如图 1-1 所示。

1.4　小结

本章先是系统阐述了国内外学者在地面沉降监测、演化规律、成因机理和预测方面的研究进展，并在此基础上，针对量化区域地面沉降成因机理较难的现状，选取北京平原区为研究区、通州地区为重点研究区，设定了本书的研究目标，详述了本书的研究内容，最后确定了研究的总体技术路线。

长时间序列北京平原区 InSAR 地表形变监测

ENVISAT ASAR(2003—2010 年)	RADARSAT-2 （2011—2016 年）	RADARSAT-2 （2017—2020 年）

基于 SBAS-InSAR 视线向形变监测	视线向转垂向	数据验证	最邻近点法融合多源 InSAR 结果

⬇

北京平原区地面沉降快速变化的空间模式

统计分析	空间分析	确定研究区沉降演化最优尺度选择

标准差椭圆	突变检验	散度	重心转移	识别差异性、突变性、非线性规律

⬇

量化沉降典型区不均匀沉降成因机理

地下水位	沉降梯度	城市/农村	第四系构造	不同浅表层差异下沉降典型区选择

典型区物探实验（SFR）	室内数据处理与成像	地质钻孔	水准	控制性水文地质剖面

构建沉降典型区实体空间结构	空间边界	空间结构	层数	岩性	空间分布	位置	封堵特征
	空间参数	特征集提取	厚度	可压缩层组		断距	断裂

动/静载荷	分层地下水位	城市急速扩张	不同浅表层空间差异	响应关系

城市扩张背景下沉降突变机理研究

城市扩张	重心转移模型	城市长大—区域尺度	城市长深—典型区	城市长高—局部尺度
沉降漏斗	标准差椭圆	2015 年/2005 年突变	2013 年/2005 年突变	2013 年突变

不同城市化进程下通州典型区沉降人工智能预测模型

城市	过渡带	城市	不同浅表层空间分段识别	核密度模型	空间数据挖掘	AM-LSTM

分层可压缩层	分层地下水位	具有"体"特征的静载荷	道路密度	断裂带信息	多因子

损失曲线	判定系数	RMSE	地面沉降模型准确性评价

北京平原区地面沉降突变成因机理量化研究

图 1-1　本书总体技术路线

第2章 研究区概况

2.1 地理位置及地形地貌

北京位于东经 115°25′~117°30′，北纬 39°28′~41°05′，地处华北平原西北边缘，东北部、西部、北部三面群山环绕，东南向为倾斜的平原。北京总面积约为 16 410.54 km²，其中山区面积为 10 010.4 km²，约占总面积的 61%；平原区面积为 6 400.1 km²（不包含延庆区），约占总面积的 39%[9]。北京地势总体西北高、东南低，最高点位于西部山区东灵山，海拔为 2 303 m，最低点位于东部平原通州柴广屯一带，海拔仅为 8 m（图 2-1）。

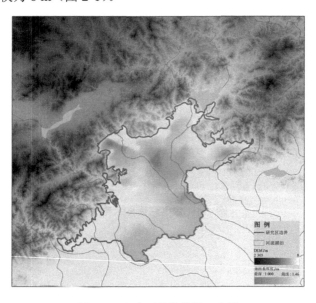

图 2-1 研究区具体范围示意图

北京地貌主要分为三部分：西部山区、北部山区和东南平原。其中，西部山区统称为西山，属太行山脉，面积约为 3 044 km²，主要由一系列的北东—南西向褶皱山构成；北部山区统称为军都山，属燕山山脉，面积约为 7 031.7 km²，主要由延庆山间盆地的褶皱和断块山构成；东南平原统称为北京平原，属平坦且广阔型，由五大水系（拒马河、潮白河、永定河、北运河和蓟运河）联合作用形成的冲积扇群，从山前到倾斜平原，可划分为山麓坡积群、山前洪积扇群、冲洪积扇及冲洪积倾斜平原、扇缘洼地和河道间洼地，其中分布最广泛的为冲洪积倾斜平原。

重点研究区通州地区位于北京平原区的东南部，区域坐标为北纬 39°36′～40°02′、东经 116°32′～116°56′，面积为 905.8 km²，其地势平坦而略有起伏，总体上西北高、东南低。

2.2 气象与水文

北京属暖温带半湿润半干旱季风气候，四季分明，春季干燥多风，夏季高温多雨，秋季晴朗凉爽，冬季寒冷干燥。北京平原区多年平均气温为 11～13℃，其中，年极端最高气温为 42℃，年极端最低气温为–27℃。多年来，年内最高气温通常出现在 7 月，月平均气温约为 26℃；最低气温通常出现在 1 月，月平均气温约为–4℃。

气象站多年降水资料显示，1961—2020 年北京多年平均降水量为 570.9 mm，最大降水量为 852 mm（1969 年），最小降水量为 351 mm（1965 年），各年降水量如图 2-2 所示。

受古地形影响，北京降水在季节上存在明显的不均匀性，春季（4—5 月）降水较少，6—9 月降水量相对较大且集中，约占全年降水总量的 85%（图 2-3）。在空间展布上，北京降水分布极不均匀，以西北部山脊为界，山前降水量较为充沛，山后和平原区降水量相对较少。北京气象站监测资料显示，北京平原区多年平均蒸发量约为 1 800 mm，约为降水量的 3 倍。重点研究区通州地区多年平均气温为 11.4℃，多年平均降水量为 584.6 mm，降水量 80%以上集中在 6—9 月。

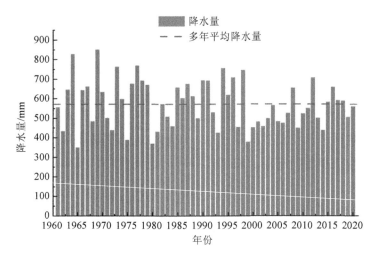

图 2-2　1961—2020 年北京降水量

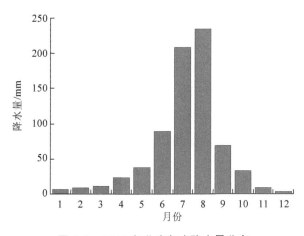

图 2-3　2019 年北京年内降水量分布

2.3　区域基础地质条件

依据地质构造特征，北京地区Ⅰ级构造单元属中朝准地台，Ⅱ级构造单元包含燕山台褶带和华北断坳带，Ⅲ级构造单元有 9 个，包含西山迭坳褶、北京迭断陷和大兴迭隆起等，Ⅳ级构造单元有 19 个[51,100]。其中Ⅱ级构造单元之间大致以山区和平原为界，部分也有断裂分割。具体构造单元划分如表 2-1 所示。

表 2-1　北京地区构造单元划分

Ⅰ级构造单元	Ⅱ级构造单元	Ⅲ级构造单元	Ⅳ级构造单元
中朝准地台	燕山台褶带（Ⅱ1）	承德迭隆断（Ⅲ1）	三岔口—丰宁中穹断（Ⅳ1）
		密（云）怀（来）中隆断（Ⅲ2）	密云迭穹断（Ⅳ2），花盆—四海迭陷褶（Ⅳ3），大海坨中穹断（Ⅳ4），昌（怀）平（柔）中穹断（Ⅳ5），八达岭中穹断（Ⅳ6），延庆新断陷（Ⅳ7）
		兴隆迭坳褶（Ⅲ3）	新城子中陷断（Ⅳ8）
		蓟县中坳褶（Ⅲ4）	平谷中穹断（Ⅳ9）
		西山迭坳褶（Ⅲ5）	青白口中穹褶（Ⅳ10），门头沟迭险褶（Ⅳ11），十渡—房山中穹褶（Ⅳ12）
	华北断坳带（Ⅱ2）	北京迭断陷（Ⅲ6）	顺义迭凹陷（Ⅳ13），坨里—丰台迭凹陷（Ⅳ14），琉璃河—涿县迭凹陷（Ⅴ15）
		大兴迭隆起（Ⅲ7）	黄村迭突起（Ⅳ16），牛屯堡—大孙各庄迭凹陷（Ⅳ17）
		大厂新断陷（Ⅲ8）	觅子店新凹陷（Ⅳ18）
		固安—武清新断陷（Ⅲ9）	固安新凹陷（Ⅳ19）

注：据《北京地面沉降》[126]改编。

　　伴随多期地壳运动的发展，北京地区褶皱构造与断裂构造广泛发育[9,51,100]。其中，褶皱构造包括基地褶皱和盖层褶皱。受新构造运动的影响，平原区内包含系列北东（北北东）向和北西向断裂，第四纪主要活动断裂包含黄庄—高丽营断裂、良乡—前门断裂、夏垫—马坊断裂、礼贤—牛堡屯断裂和南口—孙河断裂等。研究区主要断裂空间分布与构造单元划分示意图如图 2-4 所示。

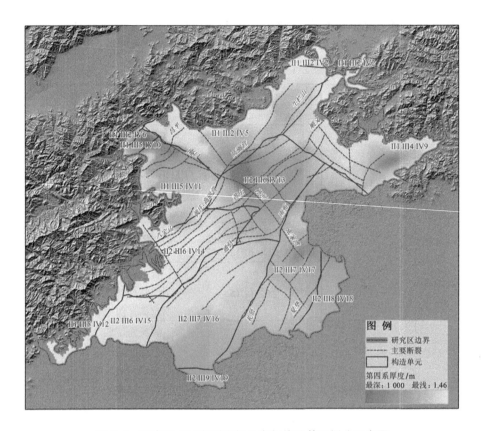

图 2-4　研究区主要断裂空间分布与构造单元划分示意图

其中，黄庄—高丽营断裂是西山迭坳褶和北京迭断陷的分界，该断裂全长 110 km，总体走向为北东 20°～50°，呈显著分段活动特征；良乡—前门断裂发育位于北京迭断陷中部，该断裂全长 90 km，据已有资料显示，该断裂由数条北北东—北东走向断裂组成；夏垫—马坊断裂与礼贤—牛堡屯断裂组成了大厂新断陷的西北侧边缘，在牛堡屯附近被北西向断裂错开，北端的夏垫—马坊断裂走向为北北东，南端的礼贤—牛堡屯断裂走向为北东；根据以往物探和钻探等资料，南口—孙河断裂的整体走向为南东，断裂北东侧上升，西南侧下降，最大断距超过 1 km，一般为 200～300 m。

2.4 区域水文地质条件

北京地处海河流域，全研究区均属海河流域地下水系统[107]。平原区第四系松散沉积物广泛分布，厚度变化较大（图 2-5）。总体而言，从冲洪积扇顶部至下部及冲洪积平原地区，第四系厚度逐渐增大，沉积物颗粒逐渐变细，含水层结构逐渐由单一层过渡至多层，岩性由单一的砂、卵砾石层逐渐过渡为砂、砂砾石和黏性土相互交错出现[11]（图 2-6）。

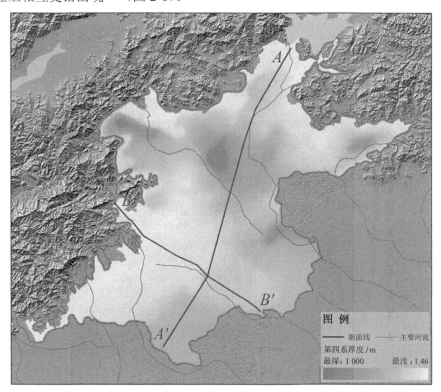

图 2-5 研究区第四系厚度与水文地质剖面位置示意图

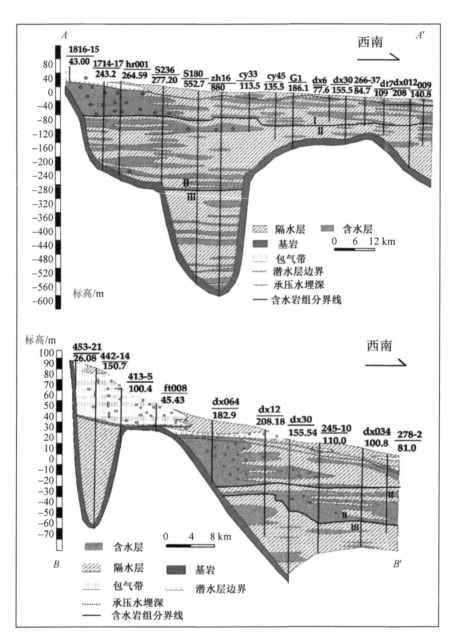

图 2-6　地质剖面线图

注：根据 Guo 等[11]的研究改绘。

依据地下水开发利用情况以及水文地质条件，北京平原区地下水在垂向上可划分为 4 个含水岩组，包括潜水含水层、浅层承压水、中深层承压含水层和深层承压水，如表 2-2 所示[126]。

表 2-2　北京平原区第四系含水层划分

含水层	主要地质类型	底部埋深
第一含水层（潜水层）	以细砂为主，中砂、粗砂较少，其次是砾石	40~50 m
第二含水层（第一承压水）	以细砂为主，中砂、粗砂较少，其次为砾石	80~100 m
第三含水层（第二承压水）	以细砂为主，中砂、粉砂较少，中粗砂次之	150~180 m
第四含水层（第三承压水）	以细砂为主，中砂、粉砂较少，中粗砂次之	<300 m

重点研究区通州地区均被第四系覆盖，第四纪沉积物为永定河冲洪积扇和潮白河冲洪积扇中下部地区，砂、砂砾石、黏性土层相互交错出现[9]。第四系厚度受古地形的控制，在台湖、永顺一带小于 300 m，向东及东南部逐渐加厚，最厚处大于 500 m。通州地区地下水在垂向上可划分为 4 个含水层组，主要开采利用 300 m 以内的地下水，如表 2-3 所示。

表 2-3　通州区主要含水层组划分

含水层组	主要岩性	底部埋深
第一含水层（潜水层）	以细砂为主，其次是中砂、粗砂，局部砾石	40~50 m
第二含水层（第一承压水）	以细砂为主，其次是中砂、粗砂，局部砾石	80~100 m
第三含水层（第二承压水）	以细砂、中砂、粉砂为主，局部中粗砂	150~180 m
第四含水层（第三承压水）	以细砂、中砂、粉砂为主，局部中粗砂	<300 m，局部为基岩

2.5　北京平原区地面沉降演化过程

北京平原区地面沉降的发生、发展和演化受活动断裂的控制，与第四系沉积物厚度、岩性等因素密切相关，主要位于第四系凹陷和冲洪积扇交错地区[85,87]。北京平原区地面沉降最早发现于 1935 年（东单—西单一带）。根据地面沉降区的变化范围、沉降速率等信息，其整体演化过程可划分为 4 个阶段：形成阶段（1955—1973 年）、发展阶段（1973—1983 年）、扩展阶段（1983—1999 年）及快速发展阶段（1999—2014 年）（表 2-4）。2014 年 11 月底，南水北调中线工程北京段正式通水，地下水超采现象有所减缓，部分地区地面沉降有所减缓[12]。

表 2-4　北京平原区地面沉降整体演化过程

沉降阶段	年份	沉降面积/km²		沉降速率/（mm/a）	沉降区域		最大累计沉降量/mm
		≥50 mm	≥100 mm				
形成阶段	1955—1966 年	局部		4.8	东八里庄		58
				2.5	酒仙桥		30
	1966—1973 年	400		28.2	东八里庄—大郊亭		230
				16	来广营		126
发展阶段	1973—1983 年	600	190	30.2	东八里庄—大郊亭		590
				18.1	来广营		367
扩展阶段	1983—1987 年	1 557	860	15.5	东八里庄—大郊亭		652
				15	来广营		367
				33.7	昌平沙河—八仙庄		303
				34.5	大兴礼贤—榆垡		298
	1987—1999 年	2 815	1 826	5.3	东八里庄—大郊亭		722
				19.8	来广营		565
				29.6	昌平沙河—八仙庄		688
				24.2	大兴礼贤—榆垡		661
				19.2	顺义平各庄		250
快速发展阶段	1999—2014 年	4 341	3 957	142.4	东八里庄—大郊亭	三间房	1 225
				130.7		通州城区	1 215
				159.6		台湖—黑庄户	1 137
				111.6	昌平沙河—八仙庄		1 414
				159.2	朝阳—来广营		1 344
				127.2	海淀苏家屯—上庄		658
				>60*	平谷城区		>250
				78.7	大兴礼贤—榆垡		1 137
				65.6	顺义平各庄—南法信		805

注：* 表示数据为 InSAR 监测结果，其他数据为水准监测数据。
资料来源：《北京地面沉降》[126]。

目前，北京平原区地面沉降可划分为南北 2 个大区、7 个沉降中心，沉降漏斗连成一片，区域不均匀沉降特征明显（图 2-7）。已有资料显示，截至 2020 年，北京平原区累计沉降量大于 100 mm 的地区已超过 4 000 km², 最大累计沉降量超过 2 m[68]。

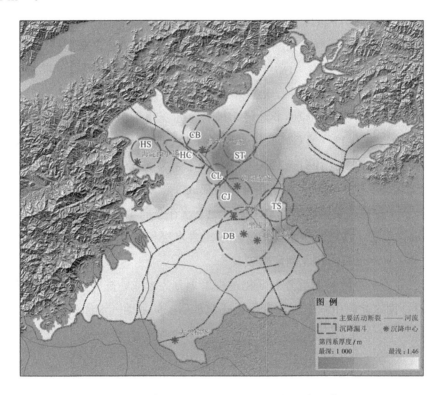

图 2-7 北京平原区地面沉降漏斗空间分布示意图

注：DB 代表东八里庄—大郊亭沉降漏斗，TS 代表通州—宋各庄沉降漏斗，ST 代表顺义—天竺沉降漏斗，CB 代表昌平—八仙庄漏斗，HS 海淀—上庄沉降漏斗，HC 代表海淀—昌平沉降漏斗，CL 代表朝阳—来广营沉降漏斗，CJ 代表朝阳—金盏沉降漏斗。

实测资料表明，截至 2016 年，北京地区最大沉降速率达 159.6 mm/a（通州台湖，2012 年），沉降速率大于 50 mm 的地区面积为 169.7 km²。为缓解"大城市病"，2012 年 9 月，北京市政府调整城市空间布局，提出在通州地区建设北京城市副中心，随后人口密度和建筑密度急剧增长。近年来通州地区不均匀地面沉降加剧。

故本研究选择北京平原区为研究区、通州地区为重点研究区。

2.6 小结

本章介绍了研究区的基本概况，分别从地理位置及地形地貌、气象与水文、区域基础地质条件、区域水文地质条件 4 个方面进行了阐述，最后概述了北京平原区地面沉降的演化过程，为后续识别北京平原区地面沉降突变性、非线性规律，量化区域沉降机理奠定了科学基础。本章主要结论如下：

（1）北京位于华北平原西北边缘，地势总体西北高、东南低，平原区 1961—2020 年平均气温为 11～13℃。北京平原区降水主要集中在每年的 7—9 月，约占全年降水总量的 85%，1961—2020 年平均降水量为 570.9 mm。

（2）北京平原区由五大水系联合作用形成冲积扇群。平原区第四系松散沉积物分布广泛，厚度变化较大。北京平原区地下水在垂向上可划分为 4 个含水岩组，包括潜水含水层、浅层承压水、中深层承压含水层和深层承压水。平原区内包含多条北东（北北东）向和北西向断裂。

（3）北京平原区地面沉降的演化过程可划分为形成、发展、扩展及快速发展 4 个阶段。南水北调中线工程北京段正式通水后，局部地区地面沉降有所减缓。

第 3 章　数据与方法

3.1　数据源

　　本研究所需数据主要包括遥感数据、水文地质数据、传统测量数据、GIS 数据和新型物探数据。其中，遥感数据包括雷达数据、航空摄影测量和 STRM 数据；水文地质数据包括北京平原区可压缩层厚度等值线分布数据、长期观测地下水水位动态数据、地下水流场信息和水文地质剖面资料等；传统测量数据包括水准数据；GIS数据包括路网信息等，为开源的 Open Street Map（OSM）数据；新型物探数据为三维频谱地震频谱谐振数据，采集了通州沉降典型区地下 0～400 m 地层密度信息。

　　雷达数据包括 55 景 2003 年 6 月—2010 年 9 月 ENVISAT ASAR 数据和 81 景2010 年 11 月—2020 年 1 月 RADARSAT-2 数据；光学数据包括 1990—2020 年LANDSAT-TM/ETM 遥感影像数据；航空摄影测量解译数据的建筑信息（2008 年和 2018 年）来源于北京信息资源管理中心。地下水长期观测孔数据、地下水流场信息、水文地质剖面来源于自然资源部京津冀平原地下水与地面沉降野外科学观测研究站与前人研究资料。新型物探数据为三维频谱地震频谱谐振数据，为野外采集实测数据。传统测量数据来源于国家地面沉降野外台站和项目组积累的地面沉降实测资料。

3.1.1　遥感数据

（1）InSAR 数据

　　本研究收集了 55 景 2003 年 6 月—2010 年 9 月 ENVISAT ASAR 数据和 81 景2010 年 11 月—2020 年 1 月 RADARSAT-2 数据，通过 GAMMA 软件，使用 PS-InSAR

技术，获取北京平原区地表形变监测结果。具体 SAR 数据参数信息如表 3-1 所示。SAR 影像覆盖范围如图 3-1 所示。

表 3-1 SAR 数据参数信息

影像	ENVISAT ASAR	RADARSAT-2①	RADARSAT-2②
波束模式	IMAGE	宽模式（Wide）	超宽精细模式（Extra Fine）
工作波段	C	C	C
波长/cm	5.6	5.6	5.6
幅宽/km	100	150	125
重访周期/d	35	24	24
分辨率/m	30	20	5
轨道高度/km	800	796	798
轨道方向	降轨	降轨	降轨
极化方式	VV	VV	VV
入射角/（°）	22.8	33.9	29.1
影像数目	55	56	25
时间	2003-06-18—2010-09-29	2010-11-22—2016-10-21	2017-01-25—2020-01-10

注：①为宽模式，分辨率为 30 m；②为超宽精细模式，分辨率为 5 m。

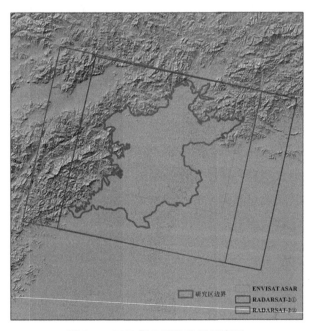

图 3-1 SAR 影像覆盖范围示意图

其中，ENVISAT 是欧洲航天局（Europen Space Agency，ESA）的对地观测卫星，于 2002 年 3 月 1 日发射，载有较为先进的星载合成孔径雷达系统（Advanced Synthetic Aperture Radar，ASAR）。ENVISAT ASAR 共有 Image、Alternating Polarisatio、Wide Swath、Global Monitoting 和 Wave 5 种工作模式。ASAR 能够全天时、全天候工作，在海洋、大气、地表研究等领域均有较好的应用[58,69,108,109]。本研究采用研究区 2003 年 6 月—2010 年 9 月共 55 景 ENVISAT 卫星 ASAR 传感器单视复数（SLC）影像。ASAR 影像获取日期如表 3-2 所示。

表 3-2　ASAR 影像获取日期

序号	影像日期	序号	影像日期	序号	影像日期	序号	影像日期
1	2003-06-18	15	2005-03-09	29	2008-01-23	43	2009-08-05
2	2003-10-01	16	2005-12-14	30	2008-02-27	44	2009-09-09
3	2003-11-05	17	2006-08-16	31	2008-04-02	45	2009-10-14
4	2003-12-10	18	2006-10-25	32	2008-05-07	46	2009-11-18
5	2004-01-14	19	2007-01-03	33	2008-06-11	47	2009-12-23
6	2004-02-18	20	2007-02-07	34	2008-07-16	48	2010-01-27
7	2004-03-24	21	2007-03-14	35	2008-08-20	49	2010-03-03
8	2004-04-28	22	2007-04-18	36	2008-09-24	50	2010-04-07
9	2004-06-02	23	2007-06-27	37	2008-10-29	51	2010-05-12
10	2004-07-07	24	2007-08-01	38	2008-12-03	52	2010-06-16
11	2004-08-11	25	2007-09-05	39	2009-01-07	53	2010-07-21
12	2004-09-15	26	2007-10-10	40	2009-02-11	54	2010-08-25
13	2004-10-20	27	2007-11-14	41	2009-03-18	55	2010-09-29
14	2004-12-29	28	2007-12-19	42	2009-07-01		

RADARSAT-2 是由 MDA 公司与加拿大太空署合作发射的一颗搭载 C 波段传感器的雷达卫星，于 2007 年 12 月 14 日升空，可提供 11 种波束模式、3 种极化模式，具有全天候、全天时的主动成像特点。在国土、农业、林业、海洋、地质等领域均得到广泛应用[8,38,87,110]。本研究采用 2010 年 11 月—2016 年 10 月共 56 景 RADARSAT-2 卫星宽模式（Wide）单视复数影像，以及 2017 年 1 月—2020 年 1 月共 25 景超宽精细模式（Extra Fine）单视复数（SLC）影像。RADARSAT-2①和 RADARSAT-2②影像获取日期分别如表 3-3 和表 3-4 所示。

表 3-3　RADARSAT-2①影像获取日期

序号	影像日期	序号	影像日期	序号	影像日期	序号	影像日期
1	2010-11-22	15	2012-08-31	29	2013-12-24	43	2015-06-29
2	2010-12-16	16	2012-10-18	30	2014-02-10	44	2015-08-16
3	2011-06-02	17	2012-11-11	31	2014-03-06	45	2015-09-09
4	2011-06-26	18	2012-12-29	32	2014-03-30	46	2015-10-03
5	2011-07-20	19	2013-01-22	33	2014-04-23	47	2015-10-27
6	2011-08-13	20	2013-04-28	34	2014-06-10	48	2015-11-20
7	2011-09-06	21	2013-05-22	35	2014-07-28	49	2016-01-07
8	2011-09-30	22	2013-06-15	36	2014-09-14	50	2016-01-31
9	2011-10-24	23	2013-08-02	37	2014-11-01	51	2016-05-06
10	2011-11-17	24	2013-08-26	38	2014-11-25	52	2016-05-30
11	2011-12-11	25	2013-09-19	39	2014-12-19	53	2016-06-23
12	2012-01-28	26	2013-10-13	40	2015-02-05	54	2016-08-10
13	2012-02-21	27	2013-11-06	41	2015-03-25	55	2016-09-03
14	2012-05-27	28	2013-11-30	42	2015-05-12	56	2016-10-21

表 3-4　RADARSAT-2②影像获取日期

序号	影像日期	序号	影像日期	序号	影像日期	序号	影像日期
1	2017-01-25	8	2017-12-27	15	2008-11-28	22	2019-10-06
2	2017-03-14	9	2018-01-20	16	2018-12-22	23	2019-11-23
3	2017-05-01	10	2018-03-09	17	2019-01-15	24	2019-12-17
4	2017-06-18	11	2018-04-26	18	2019-03-04	25	2020-01-10
5	2017-08-05	12	2018-06-13	19	2019-04-21		
6	2017-09-22	13	2018-08-24	20	2019-06-08		
7	2017-11-09	14	2018-10-11	21	2019-08-19		

（2）土地利用类型数据

本研究所采用的土地利用类型数据来源于中国科学院资源环境科学数据中心（http://www.resdc.com），采用土地利用/覆被变化（Land Use and Land-Cover Change，LUCC）土地利用分类体系[85]。其中 1990 年、1995 年、2000 年、2005 年和 2010 年遥感解译采用了 LANDSAT-TM/ETM 遥感影像数据，2015 年遥感解译使用了 LANDSAT-8 数据，综合评价精度超过 94.3%。土地利用类型包括耕地、林地、草地、水域、建设用地和未利用土地六大类。

（3）建筑高度信息

为进一步分析典型区地面沉降突变成因机理，本研究收集了覆盖通州沉降典型地区的航空摄影测量解译数据。数据来源于北京信息资源管理中心，类型为点矢量文件，共包含 35 215 个建筑信息，属性为单体建筑物高度和面积信息，建筑物位置精确，高度精度误差在 0.3 m 以内，可满足研究需求。

3.1.2　水文地质、基础地质数据

（1）地下水水位数据

本研究采用的地下水数据包括地下水水位等值线和长期动态地下水水位观测孔数据。其中，地下水水位等值线的时间跨度为 2014—2018 年（12 月），包含 4 层地下水水位数据，数据来源于北京市水文地质工程地质大队，数据范围覆盖重点研究区——北京通州地区，类型为等值线矢量文件，数据精度可达 5 m。利用 GIS 技术，将地下水水位等值线创建不规则三角网（TIN），再将 TIN 转化为栅格数据。受篇幅限制，本研究仅展示 2014 年和 2018 年通州地区分层地下水水位信息（图 3-2）。本次共搜集北京平原区 6 个承压水长期观测孔监测数据，具体信息如表 3-5 所示。

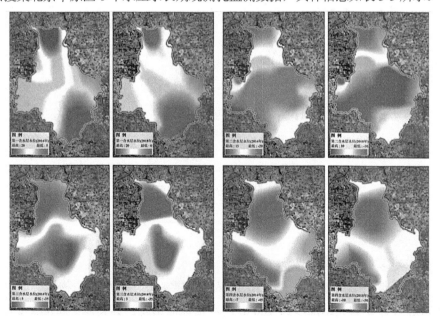

图 3-2　通州地区分层地下水水位信息［2014 年和 2018 年（12 月）］

表 3-5 承压水长期观测孔信息

观测井编号	地下水类型	观测深度/m	观测时间
1	承压水	112.33	2004-01—2015-12
2	承压水	157.8～238.4	2005-01—2015-12
3	承压水	110～151.28	2005-01—2015-12
4	承压水	43.3～150	2005-01—2015-12
5	承压水	80	2004-01—2015-12
6	承压水	85.06	2004-01—2015-12

（2）可压缩层组数据

为量化沉降典型区成因机制，本研究搜集了北京平原区分层可压缩层组厚度信息，该数据综合考虑了北京平原区水文地质条件、基础地质条件和地面沉降的现状，结合沉降典型区钻探、土工试验等数据进行划分，数据来源于北京市水文地质工程地质大队。分层的可压缩层厚度如图 3-3 所示，该数据用于新型物探解译可压缩层厚度的辅助信息，能够为后续地面沉降预测提供数据支撑。

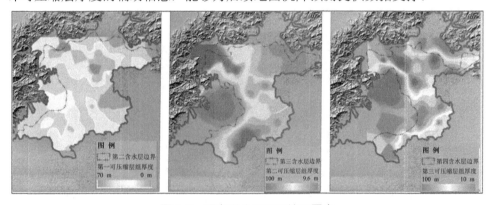

图 3-3 研究区分层可压缩层厚度

资料来源：根据《北京地面沉降》改绘。

（3）水文地质钻孔数据

本研究搜集通州地区 3 个水文地质钻孔数据，用于开展新型物探解译工作。测线附近共有 3 口完钻深度约 100 m 的水文地质钻孔，其具体空间位置如图 3-4 所示，水文地质钻孔录井信息如图 3-5 所示。其中，#5 孔位于测线南段农村农林区，孔深 99.82 m；#10 孔位于测线中段农村农林区，孔深 116.5 m；#53 孔位于测线北段通州城市绿化区，孔深 104.3 m。

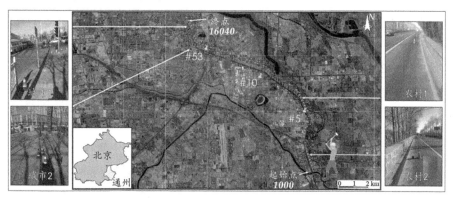

图 3-4　水文地质钻孔空间位置示意图

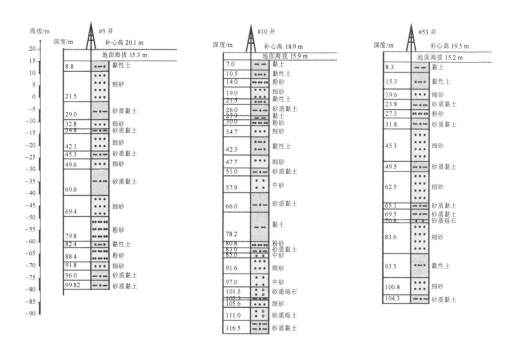

图 3-5　水文地质钻孔录井信息

3.1.3 道路路网数据

本研究利用道路数据来描述动荷载对地面沉降的影响，数据来源于开源的 OSM（http：//download.geofabrik.de.html），覆盖整个北京平原区，时间为 2014 年 1 月 1 日—2019 年 1 月 1 日。2014 年和 2018 年研究区路网信息如图 3-6 所示。

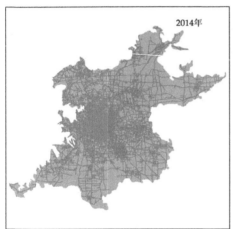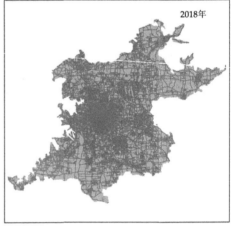

图 3-6 2014 年和 2018 年研究区路网信息对比

3.1.4 三维地震频谱谐振数据

三维地震频谱谐振剖面全长 15 040 m，采样点间隔为 20 m，采用线阵列方式采集，单测点采集时间为 1 h。浅层地震剖面线野外采集工作以凉水河左堤路—国道 103 交叉口为南端点，沿国道 103 向北依次跨越地面沉降漏斗外围的苏庄村、漏斗边缘的姚辛庄村和里二泗村、沉降梯度变化带的张湾村和高楼金村，直至漏斗中心区的三间房村，终点为通州城区内梨园中路—玉桥中路交叉口。这一路线以北东—南西走向的东六环为界，道路南东侧为通州农村农业耕种区，北西侧为通州城市工业区。该试验的采集时间为 2019 年 1 月 14—22 日，地下介质采集深度为 0～400 m。

3.2　获取北京平原区地表形变的研究方法

3.2.1　合成孔径雷达干涉测量（InSAR）原理

　　InSAR 是一项利用多幅合成孔径雷达影像提取干涉相位，进而获取地表三维信息和地表变化信息的技术，被广泛应用于测绘、雷达等领域[73,111-113]。

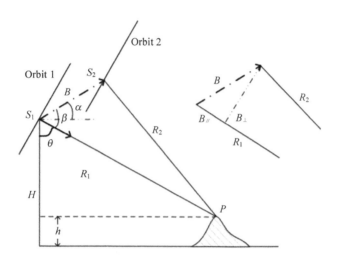

图 3-7　InSAR 示意图

　　InSAR 原理如图 3-7 所示。其中，P 点为被观测地物，其高程用 h 表示；S_1 和 S_2 分别为卫星对 P 重复观测两次的位置；空间基线 B 为传感器间的距离；$B_{//}$ 和 $B_{\perp}$ 分别为 B 视线向的平行分量和垂直分量；传感器与地物之间的斜距分别为 R_1 和 R_2；H 为卫星在 S_1 位置的飞行高度；θ 为卫星在 S_1 位置的入射角；α 为空间基线与水平方向的夹角；β 为空间基线与 S_1 位置的视向夹角。根据图中的几何关系，可得到以下公式：

$$h = H - \cos\theta \qquad\qquad （3.1）$$

$$\theta = \frac{\pi}{2} + \alpha - \beta \qquad (3.2)$$

$$B_{/\!/} = B\cos\beta \qquad (3.3)$$

$$B_\perp = B\sin\beta \qquad (3.4)$$

卫星传感器在 S_1 处主动发射波长为 λ 的电磁波，经 P 反射后在同一位置又被传感器接收，得到相位 φ_1，同理在 S_2 处得到相位 φ_2：

$$\varphi_1 = \frac{4\pi}{\lambda} R_1 + S_1 \exp\left(\frac{4\pi}{\lambda} R_1\right) \qquad (3.5)$$

$$\varphi_2 = \frac{4\pi}{\lambda} R_2 + S_2 \exp\left(\frac{4\pi}{\lambda} R_2\right) \qquad (3.6)$$

由此得到 S_1 和 S_2 处对地物 P 的相位差 φ：

$$\varphi = \varphi_1 - \varphi_2 = -\frac{4\pi}{\lambda}(R_1 - R_2) \qquad (3.7)$$

在实际应用中，φ 还经常通过两幅单视复数影像共轭相乘运算得到，计算公式如下：

$$\varphi = \arg\{S_1 \cdot S_2 \cdot \exp[i \cdot (\varphi_1 - \varphi_2)]\}, (-\pi \geqslant \varphi \geqslant \pi) \qquad (3.8)$$

3.2.2 永久散射体干涉测量（PS-InSAR）原理及处理过程

（1）PS-InSAR 的原理

PS-InSAR 的原理是选出在长时序干涉下保持稳定散射特性的永久散射体（Persistent Scatterer，PS）[114]，根据差分干涉图得到 PS 点的差分干涉相位，通过相邻 PS 做差得到邻域差分相位模型，进行地表反演得到地面形变信息。PS-InSAR可以在一定程度上减小轨道误差、大气误差及地形误差的影响，被广泛应用于地面沉降、地震形变、矿山形变、地壳演变及火山活动等领域。PS-InSAR 提取形变信息的主要步骤如下：

①选择公共主影像，进行影像配准。主图像选取时应使时间基线、空间基线

和多普勒频率基线的绝对值之和最小，可选用以下公式计算：

$$S = \sum_{i}^{N} (|B_i| + |T_i| + |F_{DC}^i|) \qquad (3.9)$$

式中，S 为上述三基线之和；B_i、T_i、F_{DC}^i 分别为时间基线、空间基线和多普勒频率基线；i 为 S 最小时的主图像。

②生成差分干涉图。干涉图中的相位为主影像和其他影像的相位之差，任意两幅影像处理所得相位可表示为

$$\varphi = \varphi_{flat} + \varphi_{topo} + \varphi_{def} + \varphi_{atm} + \varphi_n \qquad (3.10)$$

式中，φ_{flat}、φ_{topo}、φ_{def}、φ_{atm}、φ_n 分别为地球曲率、地形起伏、雷达目标地物移动、大气影响和残留噪声引起的相位变化，结合卫星轨道、参考 DEM 数据，去除地形相位和平地相位。

③提取 PS 候选点。常规的时间序列 InSAR 选取 PS 点的常用方法为幅度离差法。该方法利用离散度指数来衡量相位的稳定性，当离散度的幅度小于某一阈值时，选为 PS 候选点。

④根据 PS 点相位信息，结合形变模型，建立平均形变速率、高程误差、大气相位、轨道残余误差参数方程，迭代求解各参数值，获得最终形变量。

（2）PS-InSAR 处理过程

时序 SAR 影像符合配准精度是获取高质量 InSAR 监测成果的前提。在配准过程中，需要首先考虑时空基线、多普勒频率等参数选取一幅影像作为配准主影像，本研究中 2003—2010 年的 ASAR 数据配准以表 3-2 中 2008 年 1 月 23 日获取的影像作为主影像，而 2010—2016 年的 RADARSAT-2①数据则以表 3-3 中 2014 年 11 月 25 日获取的影像作为主影像，两个时段数据的配准精度分别如表 3-6 和表 3-7 所示，均满足 1/8 像元以内的配准精度要求。

表 3-6　ASAR 影像配准精度

序号	影像日期	配准精度		序号	影像日期	配准精度	
		距离向	方位向			距离向	方位向
1	2003-06-18	0.067 8	0.118 5	28	2007-12-19	0.066 3	0.043 1
2	2003-10-01	0.066 3	0.118 6	29	2008-02-27	0.053 8	0.032 5
3	2003-11-05	0.110 0	0.116 1	30	2008-04-02	0.055 0	0.050 2
4	2003-12-10	0.082 7	0.119 7	31	2008-05-07	0.032 5	0.053 1
5	2004-01-14	0.070 1	0.116 6	32	2008-06-11	0.044 6	0.057 8
6	2004-02-18	0.101 0	0.120 9	33	2008-07-16	0.043 7	0.062 3
7	2004-03-24	0.123 6	0.137 6	34	2008-08-20	0.053 5	0.071 0
8	2004-04-28	0.060 8	0.118 1	35	2008-09-24	0.059 0	0.071 8
9	2004-06-02	0.090 5	0.123 8	36	2008-10-29	0.037 4	0.055 6
10	2004-07-07	0.077 3	0.097 8	37	2008-12-03	0.038 1	0.057 7
11	2004-08-11	0.064 1	0.099 0	38	2009-01-07	0.037 6	0.067 2
12	2004-09-15	0.088 3	0.120 2	39	2009-02-11	0.051 0	0.079 6
13	2004-10-20	0.105 3	0.129 0	40	2009-03-18	0.068 5	0.073 7
14	2004-12-29	0.063 2	0.107 3	41	2009-07-01	0.049 4	0.071 4
15	2005-03-09	0.063 6	0.103 1	42	2009-08-05	0.045 4	0.071 4
16	2005-12-14	0.045 7	0.086 0	43	2009-09-09	0.068 6	0.098 5
17	2006-08-16	0.083 7	0.081 3	44	2009-10-14	0.069 4	0.076 1
18	2006-10-25	0.066 5	0.088 3	45	2009-11-18	0.062 3	0.088 9
19	2007-01-03	0.076 2	0.076 9	46	2009-12-23	0.050 0	0.079 4
20	2007-02-07	0.057 0	0.087 2	47	2010-01-27	0.060 8	0.088 3
21	2007-03-14	0.065 3	0.079 8	48	2010-03-03	0.051 0	0.092 0
22	2007-04-18	0.042 3	0.067 3	49	2010-04-07	0.069 3	0.087 5
23	2007-06-27	0.036 2	0.061 2	50	2010-05-12	0.056 3	0.083 1
24	2007-08-01	0.046 3	0.068 3	51	2010-06-16	0.057 1	0.083 6
25	2007-09-05	0.065 0	0.064 5	52	2010-07-21	0.057 2	0.093 8
26	2007-10-10	0.056 8	0.066 0	53	2010-08-25	0.056 8	0.093 4
27	2007-11-14	0.057 7	0.058 1	54	2010-09-29	0.074 5	0.103 8

表 3-7　RADARSAT-2①影像配准精度

序号	影像日期	配准精度		序号	影像日期	配准精度	
		距离向	方位向			距离向	方位向
1	2010-11-22	0.057 8	0.257 3	29	2013-12-24	0.061 9	0.085 4
2	2010-12-16	0.044 5	0.110 2	30	2014-02-10	0.055 4	0.084 2
3	2011-06-02	0.063 2	0.118 0	31	2014-03-06	0.062 6	0.079 7
4	2011-06-26	0.049 7	0.101 8	32	2014-03-30	0.036 5	0.060 3
5	2011-07-20	0.069 6	0.120 7	33	2014-04-23	0.035 5	0.055 3
6	2011-08-13	0.070 7	0.115 9	34	2014-06-10	0.044 9	0.063 0
7	2011-09-06	0.060 8	0.093 5	35	2014-07-28	0.035 1	0.060 9
8	2011-09-30	0.059 2	0.102 2	36	2014-09-14	0.047 3	0.055 3
9	2011-10-24	0.052 8	0.088 8	37	2014-11-01	0.021 0	0.042 1
10	2011-11-17	0.054 5	0.111 7	38	2014-12-19	0.033 9	0.045 2
11	2011-12-11	0.033 7	0.075 5	39	2015-02-05	0.064 4	0.061 1
12	2012-01-28	0.065 4	0.164 6	40	2015-03-25	0.040 4	0.052 0
13	2012-02-21	0.066 3	0.131 9	41	2015-05-12	0.047 0	0.058 3
14	2012-05-27	0.059 2	0.113 0	42	2015-06-29	0.082 9	0.078 8
15	2012-08-31	0.068 1	0.101 3	43	2015-08-16	0.035 1	0.062 6
16	2012-10-18	0.037 4	0.073 9	44	2015-09-09	0.042 0	0.060 2
17	2012-11-11	0.037 4	0.074 6	45	2015-10-03	0.044 1	0.064 4
18	2012-12-29	0.064 6	0.169 9	46	2015-10-27	0.036 2	0.071 0
19	2013-01-22	0.043 3	0.115 8	47	2015-11-20	0.033 9	0.066 7
20	2013-04-28	0.039 7	0.099 9	48	2016-01-07	0.052 8	0.072 8
21	2013-05-22	0.045 6	0.090 9	49	2016-01-31	0.043 4	0.078 1
22	2013-06-15	0.045 0	0.078 1	50	2016-05-06	0.044 0	0.084 2
23	2013-08-02	0.031 3	0.069 8	51	2016-05-30	0.043 3	0.083 4
24	2013-08-26	0.048 6	0.067 8	52	2016-06-23	0.055 0	0.081 6
25	2013-09-19	0.030 6	0.061 8	53	2016-08-10	0.041 3	0.073 0
26	2013-10-13	0.046 1	0.068 7	54	2016-09-03	0.040 5	0.070 5
27	2013-11-06	0.047 8	0.076 8	55	2016-10-21	0.050 4	0.075 0
28	2013-11-30	0.032 5	0.062 8				

　　对配准后的时序 SAR 影像分别生成差分干涉图，两个时段的时空基线组合情况分别如图 3-8 和图 3-9 所示。

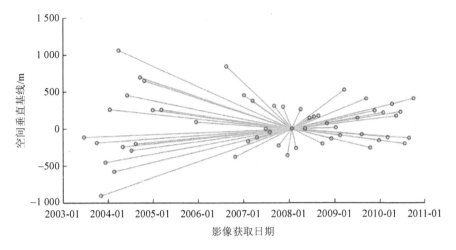

图 3-8　ASAR 影像时空基线图

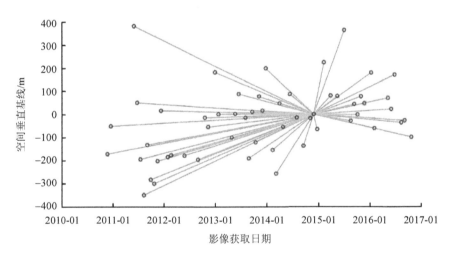

图 3-9　RADARSAT-2①影像时空基线图

3.2.3　小基线干涉测量（SBAS-InSAR）原理及处理过程

（1）SBAS-InSAR 原理

SBAS-InSAR 最早由 Berardino 和 Lanari 等提出，适用于监测较低分辨率图像的大尺度地面形变[54,115]。首先，经过影像对组合生成干涉图；其次，使用 DEM

数据消除地形相位的影响，由于子集间数据存在秩亏的问题，采用奇异值分解方法（SVD 法）进行求解；最后，经过时域的高通滤波和空间域的低通滤波，估算并去除大气影响，对各时段速率在时间域上积分得出各时间段的地面形变量。
SBAS-InSAR 处理数据步骤如下：

①假设被监测地区共获取 N 景 SAR 影像，M 为可能构成的干涉对数量，满足公式

$$\frac{N}{2} \leqslant M \leqslant \frac{N(N+1)}{2}$$
（3.11）

每景干涉图中的干涉相位 φ_{int} 包含 φ_{flat}、φ_{topo}、φ_{def}、φ_{atm}、φ_n 五部分，分别为地球曲率、地形起伏、雷达目标地物移动、大气影响和残留噪声引起的相位变化，其中最主要的是地形起伏的影响，可通过外部 DEM 数据模拟地形相位去除，得到差分干涉图。

②利用最小二乘法计算形变相位，其公式为

$$\varphi = (A^T A)^{-1} A^T \Delta\varphi$$
（3.12）

式中，系数矩阵 **A** 为[M×N]，每行对应一幅干涉图，每列对应一景 SAR 影像；$\Delta\varphi$ 为 M 幅差分干涉图上相位值组成的矩阵。在实际应用中，$A^T A$ 可能成为奇异矩阵，方程组会出现无穷多解，这是由系数矩阵的关联和不同基线集之间的连接造成的，可用奇异值分解方法（SVD 法）解决。

③将上一步得到的相位信息转化为平均速率，考虑地面高程的影像，建立方程得 DEM 校正系数，积分得出各时间段的地面形变量。公式如下：

$$B + C = \Delta\varphi$$
（3.13）
式中，**B** 矩阵为[M×（N–1）]；**C** 矩阵为基线距系数矩阵，表示为[M×1]。

（2）SBAS-InSAR 处理过程

采用 SBAS-InSAR 技术获取研究区 2017 年 1 月—2020 年 1 月地表形变信息。在 RADARSAT-2②处理过程中，其空间基线阈值为 500 m，时间基线阈值为 100 天（4 个重访周期），组成 45 个小基线干涉（图 3-10），振幅离差阈值设定为 0.6。

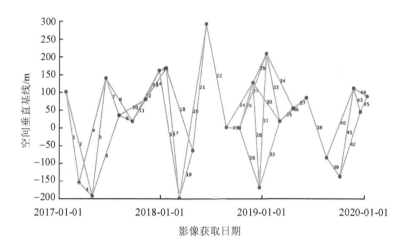

图 3-10　RADARSAT-2①影像小基线干涉对

3.2.4　时间序列 InSAR 融合方法

InSAR 技术获取的形变是相较于某个特定的参考基准，本研究的 SAR 影像涉及 ENVISAT ASAR、RADARSAT-2①和 RADARSAT-2②，为不同的数据类型，故不同图幅、条带重叠区内的形变结果存在时间间隔。影像经上述处理后，需进行形变成果的时间序列融合，主要包括以下内容：

首先，针对形变监测结果，在 3 种数据类型中选取参考数据类型 ENVISAT ASAR，在其他两种数据类型的影像监测形变结果中寻找同名点，这里采用了最邻近法进行同名点的识别和匹配。其次，以参考基准 ENVISAT ASAR 数据在 2003 年 6 月 18 日—2010 年 9 月 19 日的累计沉降量作为下一时段（RADARSAT-2①，2010 年 11 月 22 日—2016 年 10 月 21 日）形变序列的起始基准。最后，将第三时段（RADARSAT-2②，2017—2020 年）的累计沉降量进行时序融合。融合过程参考以下公式：

$$LD_{E-S_1} = \frac{V_1 + V_2}{2} \cdot \frac{D_{E-S_1}}{365} \tag{3.14}$$

$$LD_2' = LD_1 + LD_2 + LD_{E-S_1} \tag{3.15}$$

式中，LD_{E-S_1} 为第一时段（ENVISAT ASAR，2003 年 6 月 18 日—2010 年 9 月

19 日）末尾到第二时段（RADARSAT-2①，2010 年 11 月 22 日—2016 年 10 月 21 日）开头，即 2010 年 9 月 19 日—2010 年 11 月 22 日的形变量；V_1 和 V_2 分别为第一时段、第二时段的年形变速率；D_{E-S_1} 为第一时段末尾到第二时段开头的天数；LD_1 和 LD_2 分别为第一时段和第二时段监测的分段时序形变量；LD_1' 为第一时段和第二时段检测结果时序融合的最终结果。重复上述步骤即可得到 3 个时段连续时间序列地面形变监测结果。

3.3　识别沉降快速变化空间模式的研究方法

本研究基于突变—非线性理论，采用 Mann-Kendall 突变检验、散度、重心转移和标准差椭圆等方法，在南水北调新水情、高密度建筑急剧增加、高速立体化交通网络急剧拓展、地下空间高效开发利用等诸多因素背景下，定量获取长时序北京平原区地面沉降快速变化的空间模式。

3.3.1　区域地面沉降突变的定义

突变论是通过对事物结构稳定性的研究，揭示事物质变规律的一门学科，是用数学模型来描述连续性行动突然中断、导致质变的过程。该理论着重考察某种过程从一种稳定状态到另一种稳定状态的跃迁[85]。1968 年，法国数学家托姆（René Thom）创立了突变理论（catastrophe theory），该理论弥补了微积分描述自然运动的不足，在地学研究中被广泛应用于火山爆发、气候突变和断层运动等。

地面沉降作为一种局部地表高程缓慢降低的地质现象，以往较少涉及其突变研究。沉降突变研究一般针对小范围内的由工程引发的沉降现象，如大坝沉降、管道沉降和基坑沉降等，未在区域尺度上开展运用。北京平原区特别是通州地区，由于叠加城市化进程加快、南水北调新水情等因素，近年来沉降速率变化较大。本研究将区域沉降突变定义为沉降速率从一个平均值到另一个平均值的急剧变化，表现为沉降速率变化的不连续性。

本研究在长时序 InSAR 监测结果的基础上，基于突变理论，运用 Mann-Kendall 突变检验方法，对各格网沉降速率开展突变点检测。当顺序时间序列的秩序列（UF）和逆序时间序列的秩序列（UB）曲线的交点在置信水平区间内，并且交点具体年份已确定时，该年份沉降速率发生突变状态。

3.3.2 Mann-Kendall 沉降突变检验

Mann-Kendall 检验也称为非参数分布检验，其优点是不要求样本服从一定的正态分布，且不受少量异常值的影响[11]。该方法广泛应用在长时间序列条件下，分析降水、径流、温度等要素的突变信息与趋势变化。本研究利用该方法对北京平原区地面沉降进行了突变信息检验，主要步骤为：①运用空间链接工具，获取各格网各年沉降速率；②对各格网平均沉降速率进行 Mann-Kendall 突变检验，获取各格网突变的时间信息；③运用空间分析技术，分析长时间序列北京平原区沉降突变信息。

对于有 n 个样本的时间序列 X，构造一个有序列表，其公式为

$$S_k = \sum_{i=0}^{k} r_i c \qquad r_i = \begin{cases} 1, & x_i > x_j \\ 0, & \text{else} \end{cases} \quad j = 1, 2, \cdots, i \qquad (3.16)$$

式中，S_k 为时刻 i 大于时刻 j 的累积数值。

在时间序列随机独立的假设下，我们定义如下统计量计算公式：

$$\mathrm{UF}_k = \frac{S_k - E(S_k)}{\sqrt{\mathrm{Var}(S_k)}} \quad k = 1, 2, \cdots, n \qquad (3.17)$$

式中，$\mathrm{UF}_1 = 0$，$E(S_k)$ 和 $\mathrm{Var}(S_k)$ 分别为累积 S_k 的均值和方差。X_1，X_2，$\cdots$，X_n 之间是相互独立的，它们是相同的连续分布，可得到以下公式：

$$E(S_k) = \frac{k(k-1)}{4} \qquad (3.18)$$

$$\mathrm{Var}(S_k) = \frac{k(k-1)(2k+5)}{72} \qquad (3.19)$$

UF_k 服从标准正态分布，统计序列按时间序列 $X(X_1, X_2, \cdots, X_n)$ 计算，获取正态分布表，得到显著性水平 α，如果 $|\mathrm{UF}_k| > U_\alpha$，则序列显示出明显的变化趋势。同理，$\mathrm{UF}_k$ 是 UB_k 的逆序统计量。本研究所选显著性水平为 $\alpha = 0.05$，临界值为 $U_{0.025} = \pm 1.96$。

3.3.3 引入散度量化北京平原区地面沉降演化规律

散度（divergence）用于表征空间各点矢量场发散强弱程度，描述空气从周围汇合到某一处或从某一处流散开来程度的量[116]。散度常运用于大气科学中衡量速度场辐散强度。div＞0 表示该点有散发通量的正源（发散源）；div＜0 表示该点有吸收通量的负源。向量场 *F* 的表达公式为

$$F(X, \ Y, \ Z) = Fx(x, \ y, \ z) \ i + Fy(x, \ y, \ z) \ j + Fz(x, \ y, \ z) \ k \qquad (3.20)$$

式中，*i*、*j*、*k* 分别为 *X* 轴、*Y* 轴、*Z* 轴方向上的单位向量，场的分量 *Fx*、*Fy*、*Fz* 具有一阶连续偏导数，向量场 *F* 的散度计算公式为

$$\mathrm{div}F = \nabla \cdot F = \frac{\partial Fx}{\partial x} + \frac{\partial Fy}{\partial y} + \frac{\partial Fz}{\partial z} \qquad (3.21)$$

InSAR 结果包含 PS 点的经纬度和时序形变量，可将其看作一个向量场；引入散度的思想，在 Python 环境下获取 2010—2020 年沉降格网的散度信息；结合空间分析技术，量化北京平原区地面沉降演化模式。

3.3.4 采用重心转移和标准差椭圆量化北京朝阳—通州地区沉降漏斗演化规律

（1）运用重心转移方法识别沉降漏斗演化规律

重心转移模型（Gravity Center Migration Model，GCM）是一种描述地理现象空间聚类程度的方法，可定量表达地理现象的时空演化特征[117]，广泛应用于城市建设等领域。建设用地是人类活动的重要指标，经济活动越频繁，建设用地面积越大。为了准确把握城市扩张趋势，探索城市扩张对地面沉降的响应，本研究利用 GCM 方法计算了 1990—2015 年北京东部平原（北京朝阳—通州地区）建设用地、2004—2015 年沉降漏斗的重心转移轨迹（沉降速率＞50 mm/a）。建筑/地面沉降漏斗的空间重心坐标为

$$X_m = \sum_{i=1}^{n} C_{mi} \times X_i \ / \sum_{i=1}^{n} C_{mi} \qquad (3.22)$$

$$Y_m = \sum_{i=1}^{n} C_{mi} \times Y_i / \sum_{i=1}^{n} C_{mi} \qquad (3.23)$$

式中，X_m 和 Y_m 分别为第 m 年建设用地和地面沉降漏斗的空间重心坐标；C_{mi} 为建设用地/沉降漏斗的面积；X_i 和 Y_i 分别为区域的几何重心坐标；n 为研究区内区域的总个数。

（2）标准偏差椭圆量化北京朝阳—通州地区沉降漏斗

标准差椭圆（Standard Deviation Ellipse，SDE）最早由 Lefever 于 1926 年提出，用来反映地理要素的空间分布情况[118]。该方法可概述元素的空间分布，量化地理现象的发展趋势和方向。其中，长轴表示重心聚集方向，短轴表示重心离散方向，椭圆扁率越大，方向性越强。

本研究计算了北京市朝阳—通州地区建设用地重心（1990—2015 年）和沉降漏斗重心（2004—2015 年）的标准差椭圆。其中心坐标公式如下：

$$SDE_x = \sqrt{\dfrac{\sum_{i=1}^{n}(x_i - \bar{X})^2}{n}} \qquad (3.24)$$

$$SDE_y = \sqrt{\dfrac{\sum_{i=1}^{n}(y_i - \bar{Y})^2}{n}} \qquad (3.25)$$

式中，x_i 和 y_i 为点 i 的坐标；$\bar{X}$ 为所有数据点 X 坐标的平均值；$\bar{Y}$ 为所有数据点 Y 坐标的平均值；n 为点总数。方位角计算公式如下：

$$\tan\theta = \dfrac{(\sum_{i=1}^{n}\tilde{x}_i^2 - \sum_{i=1}^{n}\tilde{y}_i^2) + \sqrt{(\sum_{i=1}^{n}\tilde{x}_i^2 - \sum_{i=1}^{n}\tilde{y}_i^2)^2 + 4(\sum_{i=1}^{n}\tilde{x}_i\tilde{y}_i)^2}}{2\sum_{i=1}^{n}\tilde{x}_i\tilde{y}_i} \qquad (3.26)$$

x 轴和 y 轴的标准差如下：

$$\sigma_x = \sqrt{\dfrac{\sum_{i=1}^{n}(\tilde{x}_i\cos\theta - y_i\sin\theta)^2}{n}} \qquad (3.27)$$

$$\sigma_y = \sqrt{\dfrac{\displaystyle\sum_{i=1}^{n}(\tilde{x}_i\sin\theta - y_i\cos\theta)^2}{n}} \qquad (3.28)$$

式中，θ 为椭圆的方位角，表示从北方向顺时针旋转到椭圆长轴所形成的角度。

（3）重心转移和标准差椭圆量化朝阳—通州地区沉降漏斗的具体步骤

首先，在 ArcGIS 平台中利用等高线工具，获取朝阳—通州地区 2003—2015 年各年的沉降漏斗（沉降速率＞50 mm/a）；其次，运用面转点工具，分别获取各年沉降漏斗的重心，分析各年沉降漏斗重心的迁移方向和距离；再次，将各年的沉降漏斗重心，运用方向分布（标准差椭圆）工具，获取沉降漏斗的发展方向；最后，结合数理统计等方法，分析沉降漏斗的变化规律。

3.4　小结

本章系统地阐述了研究所需的数据与方法，主要包括数据来源、地表形变获取的研究方法和识别沉降快速变化空间模式的研究方法。

（1）本研究的数据源主要包括遥感数据、水文地质数据、传统测量数据和三维频谱地震频谱谐振数据，并详细说明了各类数据的来源及其精度；

（2）分别介绍了 PS-InSAR、SBAS-InSAR 的原理，以及本研究获取地表形变的处理过程，并描述了时间序列 InSAR 的融合方法；

（3）概述了识别沉降快速变化空间模式的方法，介绍了 Mann-Kendall 突变检验、散度、重心转移和标准差椭圆识别区域地面沉降演化模式的过程。

第4章　北京平原区地面沉降演化特征研究

4.1　2003年6月—2020年1月北京平原区地表形变监测结果

4.1.1　InSAR 监测结果验证

为验证 InSAR 监测结果的准确性，本研究利用水准点地表形变监测结果对 InSAR 监测结果进行验证，水准点空间分布如图 4-1 所示。本研究于 2005—2013 年搜集了 6 个水准点，以水准点为中心，计算其周围 100 m 范围内的 InSAR 监测结果均值进行验证，同理 2015—2016 年搜集了 11 个水准点，2013—2018 年搜集了 2 个水准点对相应时段 InSAR 监测结果进行验证，结果如图 4-2（a）（c）（e）所示。将 InSAR 监测结果由 LOS 向转为垂向后，2005—2013 年水准测量与 InSAR 监测结果的相关系数为 0.94，标准差为 7.9 mm/a，最小绝对误差为 0.2 mm/a，最大绝对误差为 14.2 mm/a；2015—2016 年两种监测数据间的相关系数为 0.95，标准差为 7.3 mm/a，最小绝对误差为 0.9 mm/a，最大绝对误差为 12.4 mm/a；2013—2018 年两种监测数据间的相关系数为 0.99，标准差为 5.5 mm/a，最小绝对误差为 2.7 mm/a，最大绝对误差为 10.2 mm/a。以上结果表明，InSAR 监测地表形变结果较为准确，精度满足应用要求。

在 2005—2013 年、2015—2016 年和 2013—2018 年 3 个时段中各选取 1 个水准点，将水准与 InSAR 监测结果进行时序对比，图 4-2（b）（d）（f）展示了 3 个时段监测结果的时序变化趋势，两种监测结果在时序上趋势较为一致，吻合度较好，表明 InSAR 监测结果具有较高的可靠性。

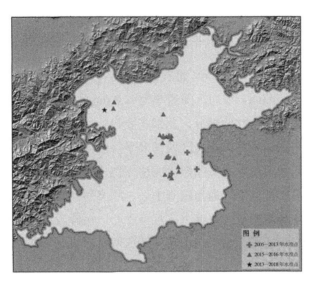

图 4-1　水准点空间分布图

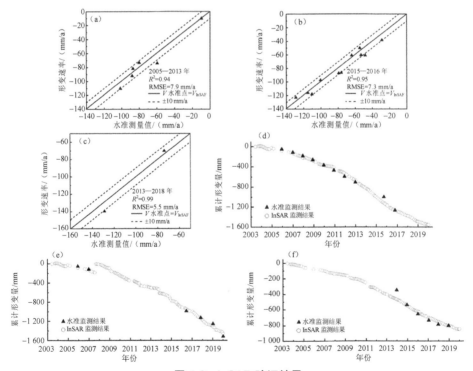

图 4-2　InSAR 验证结果

4.1.2 2003—2010 年北京平原区地表形变监测结果

由图 4-3 可知,2003—2010 年,北京平原区年均最大沉降速率为-136.5 mm/a,最大抬升速率为 8.8 mm/a,平均沉降速率为-8.8 mm/a。该监测时间段内,研究区地面沉降在空间上分为南北两部分,北部主要包括朝阳区东部、通州区西北部、海淀区北部、昌平区东南部、顺义区西部及平谷区西南部。沉降中心主要为朝阳来广营—金盏—东坝沉降中心、朝阳三间房—黑庄户沉降中心、通州孙各庄—西刘庄沉降中心、昌平沙河—天通苑沉降中心、顺义后沙峪—平各庄沉降中心、平谷王辛庄—山东庄沉降中心、海淀上庄沉降中心。沉降较严重的区域主要分布在朝阳区东部,逐步形成了金盏—东坝和三间房两大严重沉降漏斗。南部地面沉降研究区主要位于大兴南部榆垡—礼贤一带。

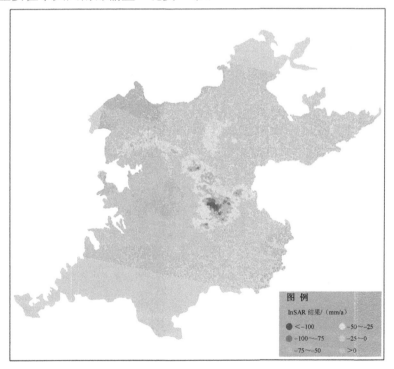

图 4-3　2003—2010 年研究区 ENVISAT ASAR 地表形变监测结果

4.1.3　2010—2016 年北京平原区地表形变监测结果

由图 4-4 可知，2010—2016 年，北京平原区沉降速率为–163.8～12.7 mm/a，平均沉降速率为–12.5 mm/a。2010—2016 年，沉降漏斗主要位于海淀区北部、朝阳区东部、通州区西北部、昌平区东南部和顺义区西部。北京平原区地表沉降区域逐渐扩大，沉降速率增加明显。在空间上，北部与南部呈现出逐步连接成片的发展趋势。金盏—东坝沉降中心向东南扩展，与通州区孙各庄—西刘庄沉降区连成一片。朝阳三间房—黑庄户沉降中心向东扩张，与周围的沉降中心连成一片，形成了三间房—黑庄户—台湖沉降中心。朝阳—通州地区已成为研究区沉降速率和沉降面积发展最为快速的区域。昌平沙河—天通苑沉降中心向北扩展，形成了沙河—天通苑—八仙庄沉降中心，且该沉降中心与海淀上庄、顺义后沙峪—平各庄沉降区相连发展，成为北京平原沉降发展较快的地区。

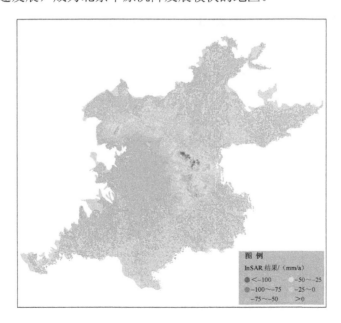

图 4-4　2010—2016 年研究区 RADARSAT-2①地表形变监测结果

4.1.4 2017—2019年北京平原区地表形变监测结果

2017—2019年，北京平原区沉降速率为-120.6～18.2 mm/a，平均沉降速率为-7.0 mm/a，较2010—2016年有所减缓。由图4-5可知，2017—2019年，地面沉降现象依旧明显，沉降地区较广，空间上呈连片发展并形成多处沉降漏斗，主要沉降区域包括通州区东部、昌平区北部、大兴区南部与河北廊坊市交界区域。沉降最严重的区域位于通州区，朝阳区的来广营、崔各庄、金盏、东坝、三间房、管庄和豆各庄等地普遍出现明显的地面沉降，沉降速率为-80～-30 mm/a，空间上连片发展，形成多处沉降中心，沉降最严重的地区位于崔各庄—金盏乡沉降带，局部沉降速率超过-100 mm/a。昌平区的北七家、天通苑、小汤山、沙河、马池口和上庄一带出现明显的地面沉降，其中，北七家—天通苑沉降区与通州来广营空间上相连发展，沉降速率为-40～-20 mm/a；上庄地区沉降较为严重，形成区域沉降漏斗，最大沉降速率超过-70 mm/a。大兴区的沉降主要位于北京与河北廊坊交界处，呈狭长分布，位于庞各庄、榆垡镇、礼贤镇和青云店镇一带，沉降面积相对较小，沉降量也相对轻微，沉降速率为-40～-20 mm/a。

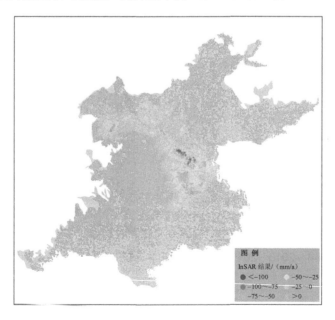

图4-5 2017—2019年研究区RADARSAT-2②地表形变监测结果

4.1.5　2003—2019 年北京平原区地表形变融合结果

拼接后的时序 InSAR 结果显示，2003—2019 年，北京平原区地面沉降空间差异性很强，沉降严重区域主要分布在朝阳区东部、通州区西北部、昌平区南部、大兴区南部和顺义区西北部（图 4-6）。北京平原区内形成了多个地面沉降漏斗，在空间上具有连片性特征。时序融合结果显示，本研究共提取了 1 277 089 个永久散射体点，密度为 199 个/km^2，平原区最大沉降速率为−136.9 mm/a，最大抬升速率为 6.0 mm/a，平均沉降速率为−12.9 mm/a。2003—2019 年累计沉降量如图 4-7 所示，最大累计沉降量约为 2.2 m，位于朝阳—通州地区交界区域（双桥一带），平均沉降速率超过 50 mm/a 的面积约为 400 km^2，占北京平原区总面积的 6%。其中，通州地区地表形变量为−133.9～3.9 mm/a，平均沉降速率为−19.6 mm/a，平均沉降速率超过 50 mm/a 的面积约为 121 km^2，占通州区总面积的 3%。

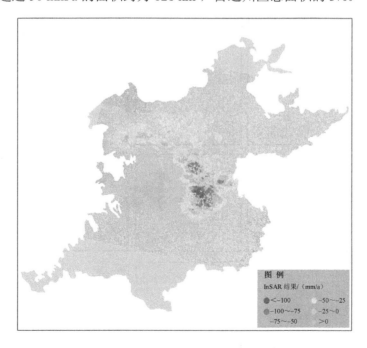

图 4-6　2003—2019 年研究区地表形变融合结果

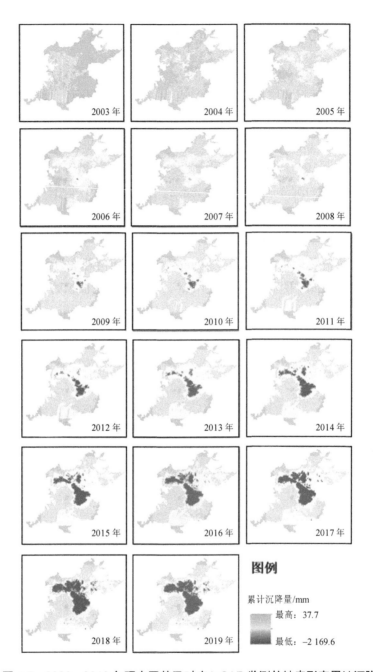

图 4-7 2003 2019 年研究区基于时序 InSAR 监测的地表形变累计沉降

4.2　北京平原区地面沉降快速变化的空间模式研究

4.2.1　基于 Mann-Kendall 北京平原区沉降突变检验的结果

在长时序 InSAR 地表形变监测结果的基础上，开展遥感、空间分析和突变论等多学科交叉研究。由于不同区域 PS 点密度不同，且 PS 点数量较多，无法直观地展示沉降信息的空间展布特征。渔网分析（Fishnet Analysis）是表达自然地理元素各单元分布特征的一种空间统计方法[11]。故本研究利用 FISHNET 工具，对研究区进行格网划分，研究北京平原区地面沉降的空间分布特征。格网从 30 m（常规格网）开始，之后呈指数增长，最终达到 15 360 m。由于遥感图像的空间分辨率为 30 m，所以最小比例尺为 30 m。2017 年，罗勇等[120]根据研究区水文地质条件，将北京平原区地面沉降划分为 37 个沉降单元。为与其保持一致，本研究的最大尺度为 15 360 m。通过数理统计的方法获取不同尺度上 PS 点的个数，最终确定最优格网尺度，如表 4-1 所示。

表 4-1　不同尺度下 PS 点个数对比

格网尺度/m	格网个数	包含 PS 点的格网数量/个	占比/%
30	5 384 314	5 814	0.1
60	1 348 808	19 045	1.41
120	338 583	38 131	11.3
240	85 333	28 767	33.7
480	21 675	13 585	62.7
960	5 575	4 887	87.7
1 920	1 466	1 312	89.5
3 840	397	382	96.2
7 680	113	109	96.5
15 360	35	35	100

根据 InSAR 获取的 2004—2015 年 PS 点时序信息，计算不同格网尺度对应的 PS 点数量所占比例，利用空间链接方法，得到各格网长时间序列的地面沉降信息，

选取 960 m×960 m 的格网作为研究区域沉降突变的尺度，共剖分出 5 575 个格网。格网划分原则为在保证拥有 PS 点占有一定比例的基础上，格网尽量小，以捕捉更为详细的沉降信息。最终通过 Python 语言，对各格网进行 Mann-Kendall 突变检验，获取研究区沉降突变信息，如图 4-8 所示。

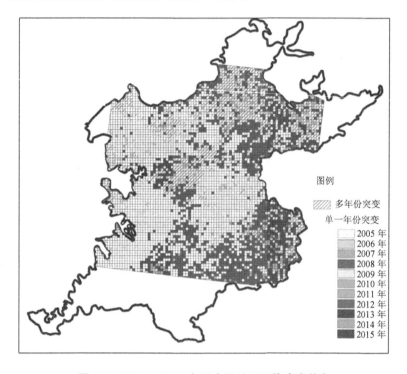

图 4-8　2004—2015 年研究区地面沉降突变信息

　　2004—2015 年共有 4 887 个格网具有时序沉降信息，3 792 个格网通过了显著性检验（$p=0.05$）。地面沉降突变的格网分为 2 种，即在单一年份沉降突变的格网和在多年份沉降突变的格网，具体突变信息如表 4-2 所示。其中，单一年份突变的格网数为 2 744 个，多年份突变的格网数为 1 048 个。在单一年份突变的格网中，2015 年发生突变的格网数最多，为 1 344 个；其次为 2005 年发生突变的格网，为 915 个；2013 年发生突变的格网数为 152 个，其他年份单一年份突变的格网较少，不再赘述。

表 4-2 研究区地面沉降突变信息

序号	突变年份	个数	序号	突变年份	个数
1	2015	1 344	18	2011—2013	20
2	2005	915	19	2005，2007，2008	18
3	2013，2015	238	20	2010，2012，2013，2015	18
4	2013—2015	153	21	2007	16
5	2013	152	22	2011，2013，2015	16
6	2014	80	23	2005—2008	15
7	2012	72	24	2010，2012，2015	15
8	2011，2015	63	25	2008，2009	14
9	2012，2015	58	26	2005，2006，2009	13
10	2010	55	27	2006—2008	12
11	2011—2013，2015	51	28	2008	12
12	2011	47	29	2009	12
13	2012，2014，2015	40	30	2010，2012，2013	12
14	2006	39	31	2013，2014	12
15	2010，2015	37	32	2010，2011，2015	10
16	2005，2008，2009	31	33	—	1 783
17	2005—2007	20	34	其他	<10
合计					5 575

在多年份沉降突变的 1 048 个格网中，包含 2015 年发生沉降突变的格网最多，共有 768 个突变格网。其中，2013 年和 2015 年共有 238 个格网沉降发生突变；2013—2015 年共有 153 个格网沉降发生突变；2011 年和 2015 年共有 63 个格网沉降发生突变。其他年份发生沉降突变的格网数量相对较少，不再赘述。

4.2.2 新水情下北京平原区地面沉降散度结果

2010—2019 年北京市平原区沉降速率散度计算结果如图 4-9 所示，散度较强的区域主要分布于朝阳区东部、通州区西北部、昌平区东南部及海淀区西北部。地面沉降正散度值与负散度值大多成对出现。2010—2014 年，北京平原区地面沉降散度最大值为 14.2，最小值为 -13.1；2015—2019 年，研究区地面沉降散度值整体上有所减弱，最大值为 11.3，最小值为 -10.5。由此可见，在新水情背景下，北京平原区地面沉降散度值的震荡区间有所减缓。

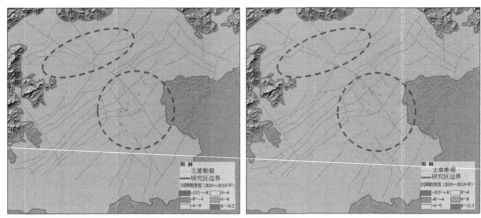

图 4-9　2010—2019 年研究区沉降速率散度计算结果

　　为与地面沉降具有相同的分级数，本研究的散度划分区间为 4，将散度进行了六等分，运用空间分析技术，获取了散度分类的统计结果，如表 4-3 所示。2010—2014 年，散度值小于 –4 的面积占比为 0.2%，而散度值为 –4～4 的面积占比为 99.6%，散度值大于 4 的面积占比则为 0.2%。2015—2019 年，散度值小于 –4 的面积占比为 0.1%，散度值为 –4～4 的面积占比为 99.1%，散度值大于 4 的面积占比则为 0.8%。

表 4-3　2010—2019 年研究区沉降速率散度统计值

散度值	2010—2014 年		2015—2019 年	
	面积大小/km²	面积占比/%	面积大小/km²	面积占比/%
div<–8	0.4	0.2	0.5	0.1
–8<div<–4	14.8		11.2	
–4<div<0	4 400.8	99.6	4 404.6	99.1
0<div<4	3 117.1		3 076.0	
4<div<8	17.3	0.2	58.2	0.8
8<div	0.6		0.5	

4.2.3 北京朝阳—通州地区沉降漏斗的扩张研究

本研究量化了北京朝阳—通州地区地面沉降漏斗扩张情况，包含朝阳来广营漏斗（CL）、朝阳金盏漏斗（CJ）、通州—宋各庄漏斗（TS）和东八里庄—大郊亭漏斗（DB）。如图 4-10 所示，2004—2015 年北京朝阳—通州地面沉降漏斗（沉降速率＞50 mm/a）的空间迁移重心主要分布在石各庄—永顺一带。标准差椭圆结果显示，其 X 轴长度为 3 471.5 m，Y 轴长度为 860.2 m。椭圆扁率很大，说明 2004—2015 年北京朝阳—通州地区地面沉降漏斗扩张方向性明显，方向角度为正北方向顺时针旋转 113.3°。

 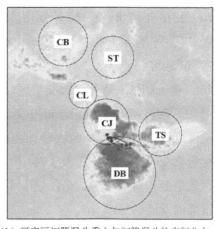

（a）2004—2015 年研究区沉降漏斗重心的转移情况　　（b）研究区沉降漏斗重心与沉降漏斗的空间分布

● 沉降漏斗重心　★ 地名　▭ 沉降漏斗标准椭圆差　▭ 沉降漏斗　监测结果（2015年）/mm

图 4-10　研究区地面沉降漏斗重心转移与标准差椭圆

4.2.4 通州地区沉降典型区选择

长时序 InSAR 地表形变监测结果显示，近年来朝阳—通州地区为北京平原区地面沉降最为严重的地区。北京平原区沉降速率 Mann-Kendall 突变结果表明，2013 年沉降速率突变的格网较少，但大多位于通州地区，且在空间上呈集聚型分布。朝阳—通州沉降漏斗的重心逐渐向通州地区扩张，且该区域沉降速率散度较强。为针对区域沉降突变机理的量化研究，本研究后续以北京平原区为背景区，将通州地区作为重点研究区。

4.3 小结

本章介绍了 2003—2020 年北京平原区地表形变监测结果，并运用 Mann-Kendall 突变检验、散度、重心转移和标准差椭圆方法，量化了北京平原区地面沉降快速变化的空间模式，主要结论如下：

（1）InSAR 监测结果与搜集到同期的水准测量结果高度一致，这说明了 InSAR 监测结果的准确性。2003—2010 年，北京平原区平均沉降速率为–136.5～8.8 mm/a；2010—2016 年，北京平原区平均沉降速率为–163.8～12.7 mm/a；2017—2019 年，北京平原区平均沉降速率为–120.6～18.2 mm/a。时序 InSAR 融合结果显示，2003—2019 年，北京平原区平均沉降速率为–136.9～6.0 mm/a，最大累计沉降量约为 2.2 m，位于朝阳—通州地区交界区域（双桥一带）。

（2）创新利用 Mann-Kendall 突变检验方法，获取了 2004—2015 年北京平原区地面沉降速率突变时间及空间范围。结果显示，单一年份沉降突变的格网数和多年份突变的格网数分别为 2 744 个和 1 048 个。其中，2015 年地面沉降突变的格网数最多，高达 2 112 个，这表明南水北调在一定程度上减缓了北京平原区地面沉降的发展趋势。

（3）引入"散度"的概念，获取了北京平原区长时序地面沉降散度信息。2010—2014 年，研究区地面沉降散度区间为–13.1～14.2；2015—2019 年，研究区地面沉降散度区间为–10.5～11.3。在新水情背景下，北京平原区地面沉降散度值的震荡区间有所减小。

（4）2004—2015 年，北京朝阳—通州地区地面沉降漏斗重心扩张方向明显，且逐渐向通州地区扩张，方向角度为正北方向顺时针旋转 113.3°。

（5）在沉降快速变化模式结果的基础上，选取通州地区为研究沉降突变机理的典型区。

第5章 典型区沉降成因机理研究

本研究综合考虑地下水流场漏斗边界、沉降梯度变化较大区域、城市与农村的空间分布情况、沉降突变信息等，选取通州地区作为研究差异性沉降典型区；引入新型物探技术，开展 SFRT 试验，反演地表以下 0～400 m 的密度场信息；结合国家地面沉降野外台站监测孔数据、控制性水文地质剖面等，构建典型区沉降演化实体空间结构模型；在长时序地表形变的基础上，联合多源实测数据，"空中—地表—地下"量化不同城市化进程下区域不均匀沉降成因机理。

5.1 地震频谱谐振技术概述

本研究采用地震频谱谐振技术，同时使用了人工主动源与天然被动源，并将人工反射波地震勘探的多次迭加处理技术引入其中，从而压制大量的无用信号，使能够反映地下介质谐振的有效信号占优，大幅提高了地面以下 0～400 m 空间范围内的地震辨识能力。

5.1.1 三维地震频谱谐振技术原理

三维地震频谱谐振技术是一种无源地震波勘探新技术，其技术原理是利用地震波与地质体的谐振关系，获取地质体的传递传播函数，基础理论如下[85]：

在平面弹性波振幅 $In(\omega)$ 激励下，多层水平大地的波动方程解 $Out(\omega)$ 的振幅形式可写成

$$Out(\omega) = In(\omega) \cdot M(\omega) \tag{5.1}$$

式中，$M(\omega)$ 为传递函数，是地下介质速度、密度和地层厚度的函数，对于 N 层

水平介质，$M(\omega)$ 具有解析式；In（ω）为激励场。多层水平地层下的传递函数表达式如下所示：

$$M(\omega) = \frac{\sqrt{Re_j^2(\omega) + Im_j^2(\omega)}}{\sqrt{Re_{n+1}^2(\omega) + Im_{n+1}^2(\omega)}} \tag{5.2}$$

$$Re_j(\omega) = Re_{j-1}(\omega) \cdot \cos(S_{J-1}) - Im_{j-1}(\omega) \cdot \sin(S_{J-1}) \tag{5.3}$$

$$Im_j(\omega) = \alpha_{j-1}\left[Im_{j-1}(\omega) \cdot \cos(S_{J-1}) + Re_{j-1}(\omega) \cdot \sin(S_{J-1})\right] \tag{5.4}$$

式中，S_j 为速度、密度和厚度的函数；ω 为角频率；α 为阻抗比。

其主要步骤为：首先，采集三分量地震环境噪声，通过快速傅里叶变换（FFT）将时域信号转换为频域信号；其次，通过地质已知点获得激励场 In（ω）；再次，在未知地质参数点，通过上述方程得到传递函数 $M(\omega)$ 的值；最后，通过建立 $M(\omega)$ 与理论值的最小二乘估计，获得地层波阻抗参数，得到地下介质密度信息。

5.1.2　三维地震频谱谐振技术研究差异性沉降的适用性分析

本研究创新性地选择 SFRT，研究差异性沉降的主要原因如下：首先，地震频谱谐振技术具有较高的垂向分辨力，结合多源空间数据，可准确识别地下空间边界、空间结构和空间参数；其次，地震频谱谐振技术是一种反演地下介质密度的方法，地下空间的各类人为干预，均会引起地下介质密度变化；再次，地震频谱谐振技术的纵向辨识度（500 m）与北京平原第四纪沉积物厚度一致，并基本涵盖了地下空间（如地下水抽取、地下轨道交通等）人类干预范围；最后，地震频谱谐振技术可被动源施工，适合在城市开展。

5.2　典型区沉降演化实体空间结构模型建立

5.2.1　不同城市化进程下区域沉降典型区选取

本研究综合考虑地下水流场漏斗边界、沉降梯度变化较大区域、城市与农村的空间分布情况、沉降突变等信息，选取通州地面沉降典型区，开展地震频谱谐振试验。地震剖面全长 15 040 m，起点为 1000 点，终点为 16040 点。浅层地震剖面线野外采集工作以凉水河左堤路—国道 103 交叉口为南端点，沿国道 103 向北依次跨越地面沉降漏斗外围的苏庄村、漏斗边缘的姚辛庄村和里二泗村、沉降梯度变化带的张湾村和高楼金村，直至漏斗中心区的三间房村，终点为通州城区内梨园中路—玉桥中路交叉口。这一路线以北东—南西走向的东六环为界，道路南东侧为通州农村农业耕种区，北西侧为通州城市工业区，具体野外试验如图 5-1 所示。

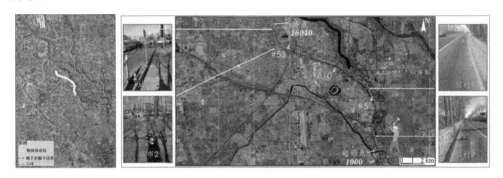

图 5-1　物探试验野外示意图

5.2.2　地震频谱谐振试验

　　本研究所采用的 SFRT 相较于常用的浅层地球物理技术，如探地雷达、高密度电阻率法、多道瞬态面波等，其最大优点在于探测深度大、纵向辨识度高，地质—地球物理综合解译模型精准度高。其原理是利用天然地震波场中存在振幅异常加大的现象（代表地质体发生了谐振），使地下介质高精度成像[85]。

　　测线全长 15 040 m，采用线性排列的方式，每隔 20 m 布设 1 个测点；单测点采集时间为 1 h，实际记录长度为 1 800 s，有效排除了交通干道车流噪声变化的影响；使用 0.2～220 Hz 的三分量数字宽频地震检波器，工作全程保持 GPS 实时高精度授时。室内数据处理及成像阶段包括对波场分离后的频率域数据进行多次叠加、噪声压制和磨光处理，比值分析以及波阻抗变化分析等。最终获得地震剖面，并将 3 口钻井位置和地层做垂直投影，形成井—震联合剖面，最后进行地球物理解译，得到地质—地球物理信息。

5.2.3 井—震关系厘定

测线附近共有 3 口完钻深度约 100 m 的水文地质钻孔（图 3-5）。结合本研究搜集到的水文地质、基础地质和地面沉降等资料可知，#5 孔位于地下水漏斗边缘，孔深 99.82 m 仅揭示第一压缩层组；#10 孔位于沉降梯度变化带，孔深 116.5 m 仅揭示第一压缩层组；而位于漏斗中心的#53 孔以 83.6～93.5 m 的黏性土为标志，揭示了完整的第一压缩层组的岩性组合和第二压缩层组的顶部地层（表 5-1）。

表 5-1　水文地质钻孔信息

可压缩层组	岩性组合	地理位置		
		漏斗边缘	沉降梯度变化	漏斗中心
		#5 井	#10 井	#53 井
第一压缩层组	黏土	0	14.1 m/2 层	3.0 m/1 层
	砂质黏土	37.9 m/6 层	32.2 m/7 层	19.9 m/6 层
	黏土质砂	10.0 m/2 层	6.0 m/2 层	16.9 m/2 层
	粉砂	6.0 m/2 层	12.2 m/4 层	3.5 m/1 层
	细砂	41.1 m/6 层	24.8 m/5 层	43.6 m/4 层
	中砂	0	14.3 m/3 层	0
	砂砾	0	9.9 m/2 层	0
第二压缩层组	砂质黏土	0	0	7.3 m/1 层
	细砂	0	0	3.5 m/1 层

最终获得地震剖面，并将 3 口钻井位置和地层做垂直投影，形成井—震联合剖面，如图 5-2 所示。由此可见，钻孔数据的分层信息与三维地震频谱谐振剖面获取的分层信息具有较高的一致性，进而验证了地震剖面的准确性。由图 5-2 可知，相较于钻孔的录井资料，运用地震频谱谐振技术获取的剖面垂向分层信息更详细。

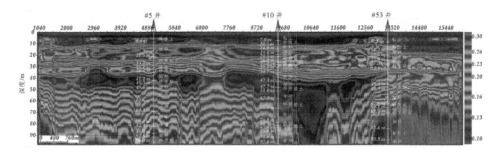

图 5-2　井—震联合剖面

5.2.4　地质—地球物理解译

地质—地球物理解译结合了研究区的地质背景，精准识别了剖面线上断裂带的位置和埋深等信息。结合研究区的水文地质条件，精准且完整地获得了试验区地下 0~400 m 的可压缩层的空间分布，如图 5-3 所示。

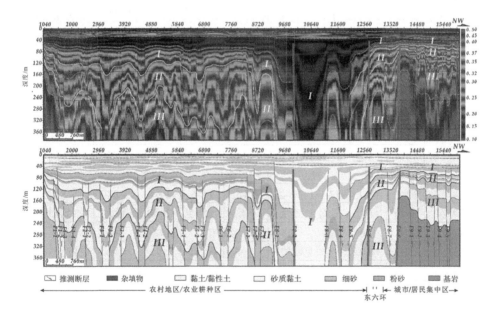

图 5-3　基于 SFRT 的北京通州地区沉降典型区地质—地球物理解译

（1）燕郊断裂带

燕郊断裂带属喜马拉雅期形成的断裂，呈东北—西南走向，垂直于测线。前人根据高精度重力、可控源音频大地电磁测深（CSAMT）、微动测深等资料[119]，推测燕郊断裂向深部延伸深度大于 1 500 m，断距为 200～400 m，断裂以北基岩埋深超过 400 m，以南基岩埋深超过 700 m。本研究所获得的地球物理剖面（地下 0～400 m）清晰地刻画出了燕郊断裂带，是由边界断层 F8-2 和 F8-8、次级伴生断层 F8-1～F8-7 组成"三堑夹两垒"的结构，整个断裂带宽 4 680 m。其中，由相向倾斜的次级断层 F8-2/F8-3 组成的地堑为断裂带错断最深处，垂直断距超过 200 m。

（2）可压缩层组

地质—地球物理解译结合研究区的水文地质条件，完整地获取了测线地下 0～400 m 可压缩层空间分布和属性信息（图 5-3）。地震频谱谐振技术可识别不同含水层单元的主要岩性组成。其中，第一可压缩层由细砂、砂质黏土和黏土组成；第二可压缩层由细砂和黏土组成，可压缩层岩性为中更新世黏土；第三可压缩层岩性为下更新世灰褐色黏土。由于砂质含量的不同，第一可压缩层组砂质黏土的可压缩性要小于第二可压缩层组和第三可压缩层组。三维地震频谱谐振技术解译的可压缩层厚度如图 5-3 和表 5-2 所示。

表 5-2　典型地区可压缩层厚度对比　　　　　　　　单位：m

地理位置	测点		测点		测点		测点		测点	
	1000	8360	8360	10040	10040	12800	12800	13880	13880	16040
构造位置	断层		断层		断层		断层		断层	
	F1-1	F7-1	F7-1	F8-2	F8-2	F8-6	F8-6	F8-8	F8-8	F9-5
底面埋深	平均	最大	平均	最大	平均	最大	平均	最大	平均	最大
Ⅰ压缩层组	120	160	160	296	未见底		72	100	60	70
Ⅱ压缩层组	216	360	未见底		未见底		124	160	88	108
Ⅲ压缩层组	未见底		未见底		未见底		未见底		224	264

5.3　差异性沉降典型区成因机理分析

本研究基于 InSAR 得到的地表形变结果，结合 GIS 空间分析等技术，将

2015—2017 年的地表形变量投影至剖面线上，结合地质—地球物理解译结果，分析剖面线差异性沉降的成因机理。地球物理剖面线上，点 1040～12560 为农村居民用地，点 12561～13120 为东六环缓冲区，点 13121～15440 为城市居民用地。以下将从断裂带、可压缩层厚度、农村与城市等多个方面讨论产生差异性地面沉降的原因。

5.3.1　断裂带控制地面沉降漏斗边缘

运用 InSAR 得到地表形变信息，结合 GIS 空间分析技术，可以看出通州地区测点上，地面沉降现象以断层 F8-2 发育位置为界，具有明显的分段特征和差异性（图 5-4）。在断层 F8-2 左侧，也就是通州地区地面沉降漏斗边缘外侧，2015—2017 年各曲线均出现了整体平缓沉降的现象，地表形变量均稳定在–6.5～5.7 mm/a；在断层 F8-2 右侧，也就是通州沉降漏斗区，地面沉降差异性严重，2015—2017 年地表形变量为–85.9～–3.4 mm/a。同时，各年度沉降曲线的拐点并未随年份的不同而发生横向迁移。研究表明，F8-2 控制着通州地区地面沉降的漏斗边缘向东南方向扩展，即漏斗的范围受控于燕郊断裂。

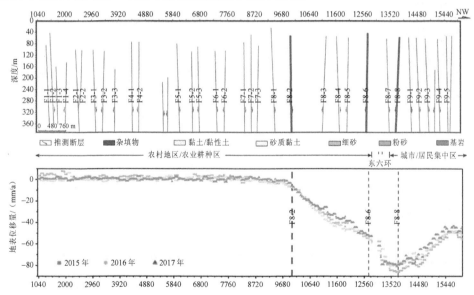

图 5-4　通州地区地面沉降典型区断裂带与地表形变的响应关系

5.3.2 断层控制地面沉降分段性差异研究

地面沉降测点 1040~10040 为燕郊断裂带南东侧，也就是在通州地区沉降漏斗之外（大多处于农村居民用地），地面沉降现象较为平稳，地面沉降值为-6.5~5.7 mm/a，斜率约为 0；测点 10041~12800 为燕郊断裂带内次级断层 F8-2 和 F8-6 控制的"两堑夹一垒"构造（地堑/地垒），处于通州地区漏斗边缘向沉降中心过渡的沉降梯度变化带（为农村向城市的过渡地带），地面沉降处于缓慢下降阶段，地面沉降大多处于-56.0~-6.3 mm/a，斜率约为-0.3；测点 12801~13880 为次级断层 F8-6 和 F8-7/F8-8 控制的地堑/地垒构造，开始进入城市用地，地面沉降处于梯度变化最大阶段，地面沉降急剧增大，地面沉降大多处于-85.9~-52.8 mm/a，斜率约为-0.7；点 13881~16040 为一组倾向西北的断层 F9-1/F9-5 控制的断台阶构造，地面沉降现象严重但处于缓慢减缓阶段，地面沉降值为-80.9~-45.1 mm/a，斜率约为 0.3。

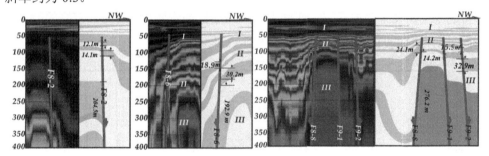

图 5-5 基于地震频率解译的沉降典型区主要断裂信息

本研究将地球物理剖面解译的断裂信息和 InSAR 解译的地表形变信息结合起来，可清楚地发现，地面沉降剖面线存在分段差异的位置，处于断裂 F8-2、F8-6、F8-8 所在的位置。其中，F8-2 断层两侧的浅部可压缩层垂直错断 12.6~14.1 m，而深部可压缩层错断距离超过 204.5 m，属于全阻水边界，引起两侧地下水水位差异，从而造成断裂 F8-2 两侧的地面沉降具有明显的差异特征；F8-6 断层两侧第二压缩层组的可压缩层垂直错断 18.9~30.2 m，而深部第三压缩层组的可压缩层错断距离超过 192.9 m；F8-8 断层上盘为第四系，下盘为基地蓟县系，其错断的浅部第二压缩层组的可压缩层垂直距离为 24.1 m，第三压缩层组超过 276.2 m；F9-1/F9-2

断层所形成的断阶错断第三压缩层组为 15.9～32.9 m，说明地面沉降的分段特征与断裂存在相关性。然而，控制侧向封闭性的两大因素，一是断层两盘对置的岩性，二是断裂带内充填物的性质与渗透性。当断层两盘对置的都是渗透性地层时，推测是沿断层面涂抹的黏土层起侧向封闭作用，从而引起两侧的地下水水位差异，导致断裂两侧的地面沉降具有明显的差异特征。各断层两侧含水层的连通情况如表 5-3 所示。

表 5-3　断层两侧含水层组连通性信息　　　　　　　　单位：m

断层	I		II		III	
	最大断距	封堵性	最大断距	封堵性	最大断距	封堵性
F8-2	204.5 m	封堵	——	——	——	——
F8-6	5.6 m	连通	30.2 m	封堵	192.9 m	半封堵
F8-8	——	——	24.1 m	半封堵	276.2 m	封堵
F9-1/F9-2	——	——	15.9 m	半封堵	32.9 m	半封堵

5.3.3　可压缩层厚度与地表形变的响应关系

利用已知钻孔岩性、埋深信息与地震频谱谐振探测剖面建立井—震响应关系，可高精度地刻画出各压缩层组与含水层的空间分布。同时，将测线上获取的 2015—2017 年 InSAR 地表形变信息和地球物理剖面获得的岩性分层信息相结合，耦合该地区地下水开采信息，分析产生剖面线上地面沉降差异的原因。如图 5-6 所示，各压缩层组的空间分布上具有明显的分段差异性。需要说明的是，细砂是本地区主要的含水层，黏性土和黏土是强可压缩层，砂质黏土为弱可压缩层。

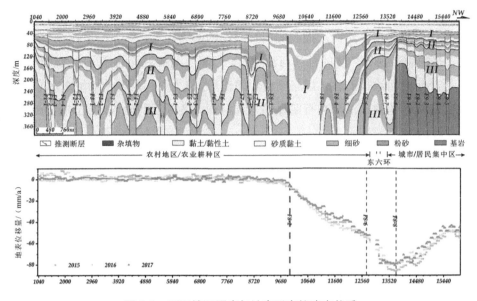

图 5-6　可压缩层厚度与地表形变的响应关系

以燕郊断裂带的边界断层 F8-2 为标志，其东南侧，即农村地区，第一可压缩层组上段以透镜状细砂与砂质黏土互层，下段为细砂与砂质黏土互层，可压缩层岩性为砂质黏土和黏土；第二可压缩层组和第三可压缩层组相似，均为细砂与黏土互层，可压缩层岩性为黏土。因此，在通州农村地区，尽管开采层位为浅层地下水，但受第一可压缩层岩性（多为砂质黏土构成）影响，其可压缩量较小，故通州农村地区的第一可压缩层可压缩性较小。由图 5-6 和表 5-4 可以看出，通州农村地区在埋深 100～400 m，第二和第三可压缩层广泛存在且厚度较大，但由于该层位的开采程度较小，故该地区第二和第三可压缩层的压缩量较小。

断层 F8-2～F8-6 为燕郊断裂带，也就是农村向城市过渡带，本次地震频谱谐振试验揭示了第一可压缩层的岩性为砂质黏土。由于断裂 F8-2 是阻水边界，断裂两侧地下水开采模式不同，断裂右侧开采强度较大，故在该段地区，地面沉降呈缓慢下降的趋势。

断层 F8-6～F8-8 是东六环交通主干道及其附属绿化带。第一可压缩层组呈向西北上倾尖灭，可压缩层岩性为砂质黏土和黏土。第二可压缩层组为黏土与细砂互层，且向西北上倾尖灭。第三可压缩层组为状黏土与细砂（部分为中砂）互层，在相向断层 F8-7 和 F8-8 形成的地堑沉积最厚，并向 F8-8 西北向上倾尖灭。由图 5-6 可以看出，F8-6～F8-8 之间，第二、第三可压缩层急剧增大。由表 5-4 可知，地下 0～400 m 空间内，F8-6（点 12560）可压缩层总厚度为 172.8 m，其中压缩性较小的砂质黏土为 84.2 m，压缩性较大的黏性土为 88.6 m。F8-8（点 13520）可压缩层总厚度为 225.3 m，其中，压缩量较小的砂质黏土为 36.0 m，压缩量较大的黏性土厚度急剧增大，为 189.3 m。所以，在该段地区，可压缩层总厚度由 172.8 m 增加至 225.3 m，同时，压缩量较大的黏土在该段由 88.6 m 增加至 225.3 m。综上可知，在该段地区，进入地表形变量快速下降区域。

表 5-4　典型位置可压缩层厚度对比

地理位置		F8-2 以南				F8-2/F8-6	F8-6/F8-8	F9-1 以北	
测点		2000	4880	7760	9680	10640	12560	13520	14480	15440
I	砂质黏土/m	58.2	50.8	41.4	125.8	190.4	84.2	36.0	22.0	16.7
	占比/%	47.2	42.7	35.8	31.5	47.6	58.1	50.9	37.3	24.9
	黏土/m	14.0	9.8	9.3	40.4	6.0	7.0	7.3	17.2	27.0
	占比/%	11.4	8.2	8.0	10.0	1.5	4.8	10.3	29.2	40.3
II	黏土/m	73.2	66.3	129.1	—	—	81.6	25.9	11.8	12.8
	占比/%	52.3	54.7	59.1	—	—	54.4	51.3	43.8	44.5
III	黏土/m	—	64.4	—	—	—	—	156.1	90.1	88.6
	占比/%	—	43.7	—	—	—	—	58.5	80.8	59.8
0～400 m	砂质黏土/m	58.2	50.8	41.4	125.8	190.4	84.2	36.0	22.0	16.7
	占比/%	14.6	12.7	10.4	31.5	47.6	21.0	9.0	5.5	4.2
	黏土/m	73.2	140.5	138.4	40.4	6.0	88.6	189.3	119.1	128.5
	占比/%	18.3	35.1	34.6	10.1	1.5	22.1	47.3	29.8	32.1
	总体/m	131.4	191.3	179.8	166.2	196.4	172.8	225.3	141.1	145.2

在燕郊断裂带边界断层 F8-8 西北，也就是通州城区，第一可压缩层上段与前三段相比变化较小，但岩性变为砂质黏土夹细砂透镜体，第一可压缩层下段以细砂夹砂质黏土为主要特征，砂质黏土厚度占地层总厚度比例明显减小。第二可压缩层埋深 56～100 m，以细砂与黏土互层为特征，但黏土层厚度较前两段明显减小至 32 m，且向西北方向台阶状增厚。第三可压缩层组与第二可压缩层组具有相同的岩性组合和向北西方向台阶状增厚的趋势，但黏土层总厚度达 112 m。由图 5-6 和表 5-4 可以看出，在 F8-8 右侧，地下 0～400 m 空间内，可压缩层总厚度明显减小，其中 F8-8～F9-1 可压缩层总厚度由 225.3 m 减小至 141.1 m。所以，该段地区地面沉降严重，但相较于前一段地区（F8-6～F8-8）具有变缓的趋势。

5.4　小结

本章介绍了三维地震频谱谐振技术原理，并阐述了该方法在研究差异性沉降成因机理方面的适用性；综合考虑地下水流场漏斗边界、沉降梯度变化较大区域、城市与农村的空间分布情况、沉降突变信息等，选取通州地区作为差异性沉降典型区；引入新型物探技术，开展 SFRT 试验，反演地表以下 0～400 m 的密度场信息；结合国家地面沉降野外台站监测孔数据、控制性水文地质剖面等，构建典型区沉降演化实体空间结构模型；在长时序地表形变的基础上，联合多源实测数据，"空中—地表—地下"量化不同城市化进程下，区域不均匀沉降成因机理，本研究为定量研究地下地质结构、了解地面不均匀沉降机理提供了一种广泛适用的方法，并得到以下结论：

（1）在地震频谱谐振试验剖面线上，断裂 F8-2 对地面沉降具有控制性作用，F8-2 所在的位置是地面沉降漏斗的边界。断裂 F8-2 左侧，也就是通州农村地区，地面沉降现象较为平缓，2015—2017 年，地表形变量均稳定在-6.5～5.7 mm/a；断裂 F8-2 右侧，从通州农村过渡带至城市地区，地面沉降较重且沉降梯度变化较大，2015—2017 年地表形变量为-85.9～-3.4 mm/a。此外，断裂 F8-6 与 F8-8 对测线地面沉降现象的分段特征具有一致性，这与断裂两端岩性的连通性、断距等特征具有密切关系。

（2）在地震频谱谐振试验剖面线上，2015—2017 年，地面沉降在 F8-2、F8-6 和 F8-8 存在明显分段现象。其中，在 F8-2 左侧，地面沉降较为平缓，地面沉降斜率约为 0；在 F8-2～F8-6，地面沉降呈现缓慢下降的趋势，斜率约为-0.3；在 F8-6～F8-8，地面沉降呈现急剧下降的趋势，斜率约为-0.7；在 F8-8 至剖面线结束，地面沉降较为严重但呈现减缓趋势，斜率约为 0.3。

（3）根据地球物理信息，结合钻孔资料和水文地质资料，真实并完整地揭示了通州典型地区可压缩层的分布特征。由于断裂 F8-2 两侧可压缩层厚度存在明显差异，再加上开采布局和开采层位不一致，通州城区和农村地区地面沉降具有明显差异。其中，在 F8-2 左侧（通州郊区），引发地面沉降的第一可压缩层贡献量较小，其原因并不是压缩层厚度小，而是由于第一可压缩层的岩性多为砂质黏土，其可压缩量较小。由于断裂 F8-2、F8-6、F8-8,断裂两侧的可压缩层厚度与分布存在明显差异。在 F8-2~F8-6、地下 0~400 m 处开采层位较深,可压缩层总厚度增大,但由于大多数为砂质黏土,故地面沉降存在缓慢下沉的现象;在 F8-6~F8-8,可压缩层总厚度增大且黏土层由 88.6 m 增加至 225.3 m,故在该段地区,进入地表形变量快速下降区域;在 F8-8 至剖面线结束,可压缩层总厚度由 225.3 m 减小至 141.1 m,故在该阶段,地面沉降严重但呈现减缓趋势。

第 6 章　城市扩张背景下沉降突变机理研究

本章在长时序 InSAR 监测地表形变的基础上，集成雷达遥感、新型物探、空间分析和水文地质等多学科技术方法，结合承压水观测孔长期实测数据、典型地区密度信息和建筑高度等，分析不同地质背景条件下北京平原区地面沉降突变机理。具体流程如图 6-1 所示。

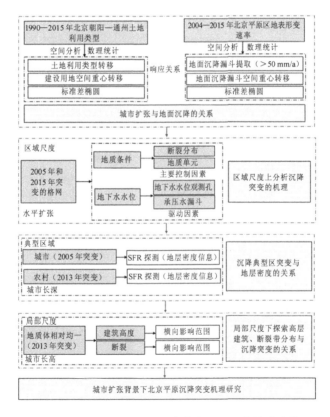

图 6-1　城市扩张背景下沉降突变机理研究技术路线

6.1 北京朝阳—通州地区城市扩张与地面沉降的关系

6.1.1 1990—2015 年北京朝阳—通州地区城市扩张定量评价

（1）1990—2015 年北京朝阳—通州地区土地利用转移矩阵

土地利用类型转移矩阵（LUTM）可以清晰地反映研究初期与研究末期土地利用类型的变化情况[85]，反映了转移的方向与数量，转移矩阵的公式如下：

$$C = \begin{bmatrix} c_{11} & c_{12} & \cdots & c_{1n} \\ c_{21} & c_{22} & \cdots & c_{2n} \\ \vdots & \vdots & \vdots & \vdots \\ c_{n1} & c_{n2} & \cdots & c_{nn} \end{bmatrix} = c_{ij} \qquad (6.1)$$

式中，i 和 j 分别为研究初期与研究末期的第 n 种土地利用类型（i，$j = 1, 2, \cdots$，n）；c_{ij} 为研究初期土地利用类型转化为研究末期土地利用类型的面积；i 行元素之和为 i 类土地利用在研究初期的面积；j 列元素之和为 j 类土地利用在研究末期的面积。

1990—2015 年，北京朝阳—通州地区土地利用类型转移矩阵如表 6-1 所示，整个研究区内，占总面积 55.4% 的图斑在 1990—2015 年内土地利用方式未发生变化，而其余约 44.6% 的土地利用发生了变化，其中，增加最多的土地利用类型是城乡/居民用地，由 1990 年的 301.0 km² 增加至 2015 年的 867.7 km²，增加了 288.3%；减少最多的土地利用类型是耕地，由 1990 年的 1 001.3 km² 减少至 2015 年的 470.0 km²，减少了 213.0%。变化最大的土地利用类型是耕地转化为城乡/居民用地，面积为 541.7 km²，可见 1990—2015 年北京朝阳—通州地区城市扩张比较明显。

为进一步动态且直观地描述城市扩张的整体速度，本研究计算出 6 个时间段北京朝阳—通州地区耕地和建设用地占总面积的百分比，如图 6-2 所示。其中，耕地面积占比由 1990 年的 74% 降至 2015 年的 34%，建设用地面积占比由 1990 年的 22% 上升至 2015 年的 64%。

表 6-1　1990—2015 年北京朝阳—通州地区土地利用类型转移矩阵

	耕地	林地	水域	建设用地	总计
耕地	450.6	5.9	3.4	10.1	470.0
林地	0.01	0.9	0.2	0.00	1.1
草地	2.8	0.00	0.00	0.04	2.8
水域	5.3	0.01	9.7	0.5	15.4
城乡/居民用地	541.7	6.0	29.6	290.4	867.7
未利用土地	0.9	0.00	0.00	0.00	0.9
总计	1 001.31	12.84	42.9	301.04	1 358.09

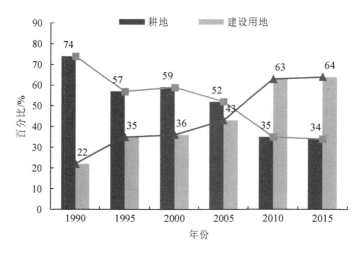

图 6-2　1990—2015 年北京朝阳—通州地区耕地和建设用地变化对比

（2）1990—2015 年北京朝阳—通州地区空间转移重心模型

为了在空间上展示城市进程的扩张方向，本研究利用 ArcGIS 空间分析技术，得到 1990—2015 年北京朝阳—通州地区建设用地的重心迁移轨迹。如图 6-3 所示，1990—2000 年北京朝阳—通州地区主要向西北方向扩张，2000—2015 年主要向东南方向扩张。1990—2015 年，北京朝阳—通州地区建设用地空间重心标准差椭圆大致位于六里屯—管庄一带，其 X 轴长度为 4 825.0 m，Y 轴长度为 464.6 m。椭圆扁率很大，说明北京朝阳—通州地区城市扩张方向性明显，方向角度为正北方向顺时针旋转 116.8°。

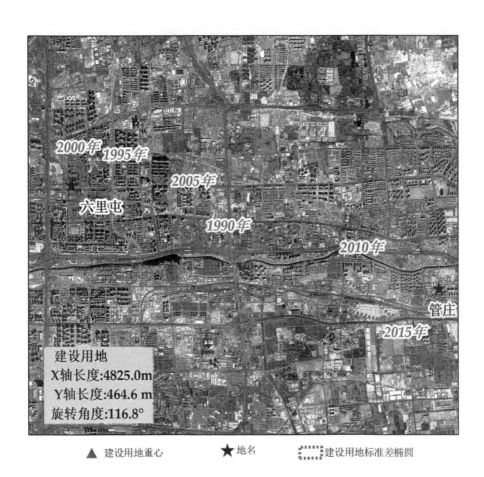

图 6-3　1990—2015 年北京朝阳—通州地区建设用地重心转移轨迹

6.1.2　北京朝阳—通州地区城市扩张与沉降漏斗的响应关系

　　由图 6-4 可知，蓝色三角形的点为 1990—2015 年北京朝阳—通州地区建设用地的空间重心迁移轨迹，暗红色圆心为 2004—2015 年地面沉降漏斗（沉降速率＞50 mm/a）的空间重心迁移轨迹。蓝色圈为 1990—2015 年北京朝阳—通州地区建设用地的标准差椭圆，红色圈为 2004—2015 年地面沉降漏斗的标准差椭圆。两者均具有明显的方向性，建设用地的标准差椭圆扁率更大，方向性更强。

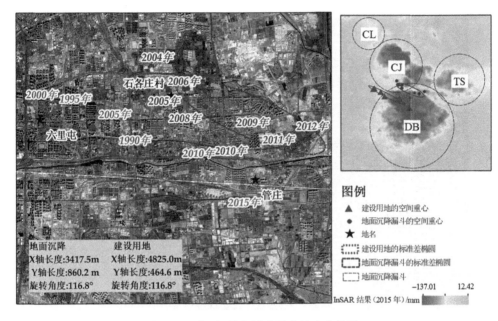

图 6-4 地面沉降与城市扩张的响应关系

注：CL 代表朝阳—来广营漏斗，CJ 代表朝阳—金盏漏斗，TS 代表通州—宋各庄漏斗，DB 代表东八里庄—大郊亭漏斗。

建设用地重心的方向为正北顺时针旋转 116.8°，沉降漏斗重心的方向为正北顺时针旋转 113.3°，两者方向具有较强的一致性，说明地面沉降漏斗和城市的扩展方向具有很强的相关性，并且北京朝阳—通州地区的城市重心逐渐向东八里庄—大郊亭沉降漏斗最严重地区扩展（图 6-4）。由表 6-2 可以看出，2005—2015 年，城乡/居民用地和漏斗面积均有所增长，相关系数为 0.81，说明地面沉降漏斗和城市的扩张具有较强的响应关系。

表 6-2　城乡/居民用地和漏斗面积（＞50 mm/a）对应表

年份	城乡/居民用地	漏斗面积/km² （R^2=0.81）
2005	589.5	141.3
2010	852.7	261.7
2015	867.7	464.9

6.2　城市扩张背景下北京朝阳—通州地区沉降突变机理分析

本节在不同区域尺度上，结合新型物探技术、航空摄影测量和承压水水位长期动态实测数据等多源空间数据，分析北京平原区沉降突变的成因机理。在大区域尺度上，利用基础地质、水文地质等资料，获取研究区沉降突变的主控因素；结合承压含水层漏斗、承压水实测数据，分析沉降突变与承压水水位的时空响应关系。在地面沉降典型区域上，运用新型物探技术获取地层密度信息，结合地下水开采层位等资料，查明沉降发生突变位置的地层密度信息，对比城市和农村因地下水开采等人类活动导致地层密度改变的纵向影响深度。在小区域尺度上，结合航空摄影测量技术获取的单体建筑高度信息，尝试探讨在地质结构相对单一的背景下，高层建筑、断裂带分布与沉降突变的空间响应关系。

6.2.1　沉降突变对地质背景的响应关系

利用 Mann-Kendall 突变检验，联合空间分析技术，获取 2004—2015 年北京平原区沉降速率突变时间及对应范围（图 6-5）。在单一年份突变中，2015 年和 2005 年突变的格网最多，分别为 1 344 个和 915 个，在空间上呈一定的聚集性。其中，2015 年突变格网主要分布在冲洪积扇的中下部地区，部分位于顺义—天竺漏斗外侧，其他大多位于非沉降区。2005 年突变的格网主要分布在南口洪积扇、潮白河冲洪积扇和永定河冲洪积扇交错的位置，大多位于沉降漏斗区。2013 年突变的格网为 152 个，主要位于通州地区，位于冲洪积扇的下部地区。

区域地质背景对沉降突变的整体空间分布模式具有一定的控制作用。多年份突变主要位于冲洪积扇的上部，单一年份突变主要位于冲洪积扇的下部。在地下水漏斗边缘，沉降突变的差异性较大。

分析其原因为，多年份突变主要位于冲洪积扇的上部地区，该区域多为第四系潜水或浅层承压水，渗透性良好，地下水水位受降水量影响波动较大，不同年份的降水量及汛期的降水强度有所不同，造成在冲洪积扇上部的地下水水位波动较大，地面沉降突变的格网变化较大。

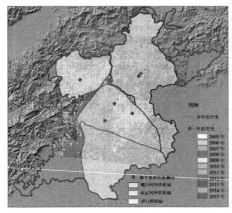 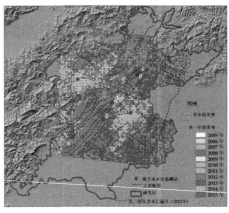

（a）研究区冲洪积扇分布　　　　　　　　（b）研究区主要断层分布

图 6-5　2004—2015 年研究区沉降突变信息

单一年份突变主要位于冲洪积扇的中下部地区，其分布情况受控制断裂影响较大，如图 6-5 所示。其中，在 2005 年突变的朝阳—通州地区，位于潮白河冲洪积扇和永定河冲洪积扇交错的位置，第四系地层较厚，互层显著增加，颗粒变小，可压缩层较厚，为地面沉降的发展提供了孕育条件。并且，受上游怀柔应急水源地（该水源地于 2003 年年底正式运营）和平谷水源地（该水源地于 2004 年 8 月开始运营）开采的一定影响，且沉降对地下水具有一定的滞后性，故朝阳—通州地区在 2005 年地面沉降速率发生了突变。

2015 年，单一年份沉降突变的地方位于潮白河冲洪积扇的中部地区和永定河冲洪积扇的中下部地区。在永定河冲洪积扇的中下部地区，2004—2015 年沉降量较少，位于沉降漏斗之外。

潮白河冲洪积扇的中上游地区沉降较为严重。由于其富水性良好，分布有水源八厂、怀柔应急水源地等多处水源地，其目标开采层为第四系松散岩类孔隙水，在南水北调前（2014 年 12 月 12 日正式运营）长期超负荷开采，虽然保障了北京地区的供水安全，但诱发了较为严重的地面沉降。在南水北调后，潮白河应急水源地进入涵养阶段，开采量由 30 万 m³ 减至 10 万 m³。2015 年 8—11 月，潮白河冲洪积扇通过天然河道在牛栏山地区展开了人工回灌（回灌量为 3 379.2 万 m³），局部地区地下水水位显著抬升。地下水减采和人工回灌是该地区沉降在 2015 年发生突变的主要因素。

6.2.2　沉降突变与承压水水位的时空响应关系

如图 6-5 所示，北京平原区地面沉降严重地区和第二承压含水层漏斗分布具有较高的空间一致性，2016 年，Chen 等[121]运用 InSAR 技术，根据地下水水位分层资料，指出第二承压含水层（100～180 m）是北京平原区地面沉降的主要贡献层。为深入探讨沉降突变与地下水水位的时空一致性，本研究搜集了 2005 年和 2015 年突变格网内的 6 个承压含水层长期观测孔数据，具体信息如表 6-3 所示，空间分布如图 6-5 所示。其中，观测站 S1～S3 在 2005 年地面沉降发生突变，观测站 S4～S6 在 2015 年地面沉降发生了突变。

表 6-3　承压水观测孔信息（2005 年、2015 年地面沉降突变）

观测站编号	日期	突变年份	可压缩层厚度/m	所处位置	沉降位置
S1	2004-01—2015-12	2005	110～140	永定河冲洪积扇中上部	朝阳—金盏漏斗
S2	2005-01—2015-12	2005	170～200	永定河—潮白河冲洪积扇交错位置，中下部	东八里庄—大郊亭漏斗
S3	2005-01—2015-12	2005	200～230	南口洪积扇	海淀—山庄漏斗
S4	2005-01—2015-12	2015	170～200	潮白河冲洪积扇中上部	顺义—天竺漏斗外侧
S5	2004-01—2015-12	2015	170～200	潮白河冲洪积扇中上部	顺义—天竺漏斗外侧
S6	2004-01—2015-12	2015	50～80	永定河冲洪积扇中上部	非沉降区

由图 6-6 可以看出，在 2005 年沉降突变的 3 个承压水观测站中，当年承压水水位均有所下降，S1、S2 和 S3 观测站承压水水位分别下降了 1.0 m、5.5 m 和 1.4 m；地下水水位与沉降速率整体的相关性较高，分别为 0.62、0.98 和 0.86。

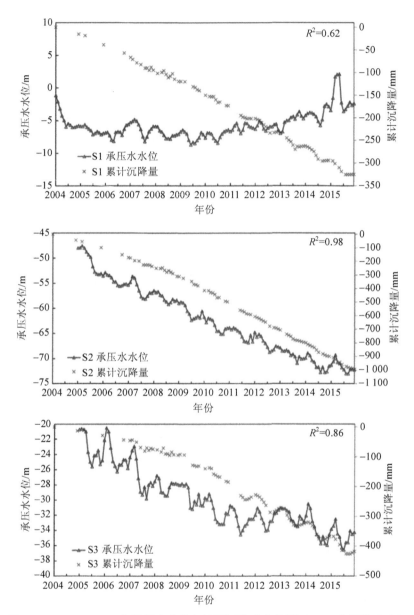

图 6-6 2004—2015 年承压水水位与地面沉降响应关系（2005 年沉降突变）

其中，S1 观测站位于永定河冲洪积扇的中上部地区，其补给条件良好，2004—2015 年地下水水位总体上波动较好。但在 2004—2005 年，承压水水位从−1.2 m

急剧下降至 -6.9 m,水位几乎呈线性下降,远高于 12 年来水位平均下降量(0.3 m),是 S1 测站所在格网 2005 年沉降突变的主要驱动因素。

S2 观测站位于冲洪积扇交错地区,该地区地层颗粒较小,互层显著增加。在 6 个地下水观测站中,承压水水位与沉降速率的相关系数最高,达 0.98。2005—2015 年,水位波动性较小,且呈持续下降趋势,其中,2005 年承压水水位下降 5.5 m,为 12 年来最大年份,是 S2 观测站在 2005 年沉降发生突变的主要诱因。

S3 观测站位于南口洪积扇,属于第四系凹陷地区,第四系厚度显著增加。2005—2015 年,地下水水位波动性较强并呈下降趋势,承压水水位与沉降的相关性较高,为 0.86。2005 年,S3 观测站承压水水位下降了 1.4 m,相较于 S1 和 S2 观测站,该地区沉降波动性略强。

综上所述,2005 年沉降突变的格网大多位于沉降较为严重地区,其承压水水位与沉降速率具有较高的时空一致性,相关性均大于等于 0.62。承压水水位快速下降,是 2005 年北京平原区沉降突变的主要诱因。

由图 6-7 可以看出,在 2015 年发生沉降突变的 3 个承压水观测站中,当年承压水水位均有所抬升,S4、S5 和 S6 观测站承压水水位分别抬升了 1.2 m、2.0 m 和 0.6 m。相比 2005 年突变的格网,承压水水位与沉降速率整体的相关性略低,分别为 0.54、0.71 和 0.15。

其中,S4 和 S5 观测站位于潮白河冲洪积扇中上部地区,两观测站均位于顺义—天竺漏斗外侧。2005—2015 年,承压水水位季节性波动较大,整体上呈下降趋势。2 个观测站沉降季节性波动较大,总体上也呈下降趋势。Chen 等[79]的研究资料表明,发生地面沉降的位置若补给条件良好,在水位急速下降之后,若水位回弹,其压缩量将减缓。其中,2015 年 S4 观测站水位抬升了 1.2 m。2015 年 S5 观测站水位抬升了 2.0 m,为 12 年来水位抬升最大的年份,且 S5 观测站的承压水水与沉降速率相关性较高。因此,水位抬升是该地区在 2015 年沉降发生突变的主要因素之一。

S6 观测站位于永定河冲洪积扇的中上部地区,12 年来累计沉降量仅为 15.6 mm,该地区为非沉降地区。S6 观测站承压水水位在 2004—2010 年整体水位波动较小,整体水位有所抬升;2010—2012 年地下水水位持续下降,2012 年后水位回升。该地区沉降多为弹性形变,承压水水位与沉降速率的相关性最低。

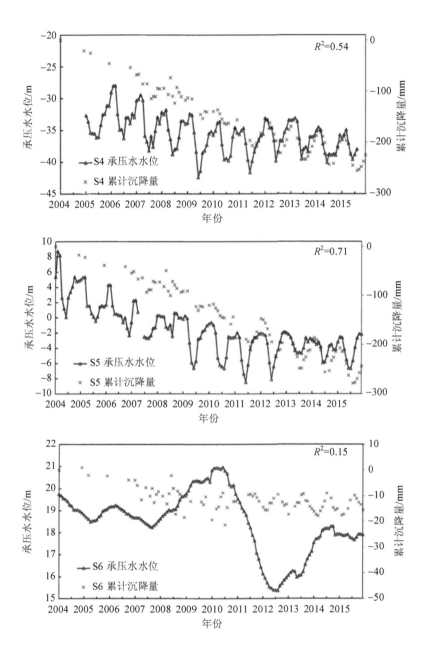

图 6-7 2004—2015 年承压水水位与地面沉降响应关系（2015 年沉降突变）

综上所述，2015 年沉降突变的格网大多位于顺义—天竺沉降漏斗外侧和非沉降区。其中，在潮白河冲洪积扇中上部地区，其承压水水位与沉降速率相关性均大于等于 0.54，二者具有较高的时空一致性。承压水水位抬升，是该地区 2015 年沉降突变的主要诱因之一。在非沉降区域，沉降的季节性形变较大，承压水水位与地面沉降的相关性极小。

6.2.3　通州地面沉降典型区地层密度与沉降突变的空间响应关系

2013 年沉降突变的格网较少，但大多位于通州地区，在空间上呈集聚型分布。图 6-8（b）中蓝色线为剖面所在位置，橘色点为沉降突变的边界点，图 6-8（c）为剖面对应的地层密度信息。需要说明的是，1000～10800 点为农村地区，地下水主要开采层在 100 m 以内。10801～16040 点为城市地区，地下水主要开采层在 300 m 以内。

在苏庄村附近，沉降速率在 2013 年发生了突变。在地球物理剖面为 1000～6800 点的地下 15～35 m 有一套连续的地层，但在 1100～1520 点（Ⅰ块区域）处地层密度发生变化。分析其原因是该段地区为农业种植地区，分散开采过多导致对应的地层密度改变。

在 4960～8080 点的里二泗村周围为农村居民用地，沉降速率在 2013 年发生了突变。从地球物理剖面上看，在地下 50～100 m，过量开采地下水造成地层密度发生改变（Ⅱ块区域），形成多个地下水漏斗。经实地考察，该段地区有多个果园，地下水用水需求较大。总体来说，农村地区因地下水开采导致地层密度改变的影响深度约为 20 m。

10800～16040 点地区，沉降演化在 2005 年发生了突变，其中 10800～13520 点为农村向城市的过渡带地区，13521～16040 点为城市 CBD 地区，地层密度改变现象明显增大。尤其在 14240～15920 点的梨园附近（Ⅲ块区域），存在多个由地下水开采产生的降落漏斗。在地下 100 m 地层以内（主要开采层），因地下水开采导致地层密度变化的纵向影响深度达到 90 m。

综上所述，沉降速率突变的地方，大多在人类开采地下水进而造成地层密度变化明显的位置。局部尺度上，沉降突变与地层密度变化较大（人类活动开采地下水引起）的地区具有较好的空间一致性。

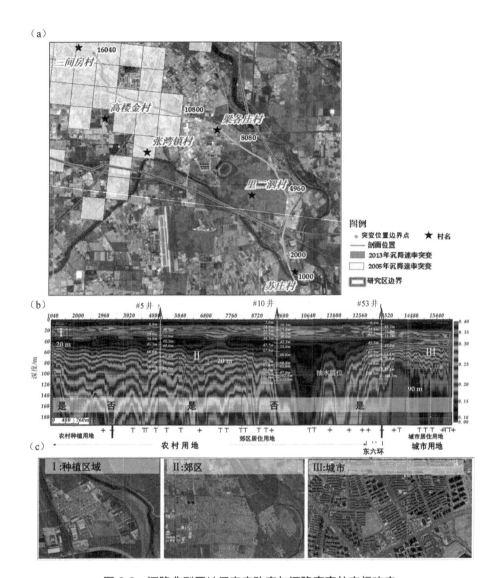

图 6-8　沉降典型区地层密度改变与沉降突变的空间响应

注：图（a）展示了沉降突变的信息以及突变的边界点，图（b）展示了利用新型物探技术获得的地层密度
信息，图（c）展示了沉降突变区域的土地利用情况。

6.2.4 高层建筑、断裂带分布与沉降突变的空间响应关系

2013 年通州沉降突变所在区域，整体沉降量较小，多在农村地区，地下空间利用相对较少，且基本位于承压水漏斗之外。故本研究搜集建筑单体高度信息和断裂带分布数据，探讨小区域尺度下高层建筑、断裂带分布与沉降突变的空间一致性。

由图 6-9 可以看出，2013 年通州地区沉降演化的突变分为集聚型和分散型两类，其中有 3 个蓝色长方形标注的突变为集聚型，沉降突变连片，规模较大；多个圆形或椭圆形标注的突变为分散型，不具有连片特征。突变规模较大的集聚型突变均落在断裂带两侧，其横向的影响范围约为 1 000 m，沉降突变格网呈条状分散在断裂带两侧。沉降突变呈点状的分散型格网，离断裂带相对较远，规模性较小，基本包含高层建筑，说明高层建筑是影响局部差异沉降的因素之一，但影响范围较小。

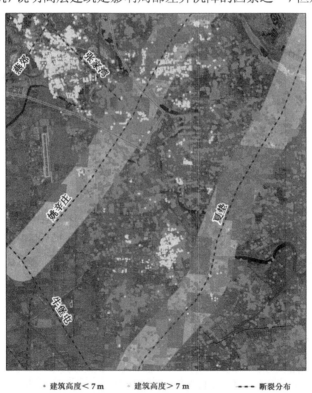

图 6-9 小区域尺度下高层建筑、断裂带分布与沉降突变的空间响应

综上所述，在区域尺度上，地质背景对沉降突变的整体空间分布模式具有一定的控制作用；承压水水位快速下降是导致 2005 年北京平原区沉降突变的主要因素，其承压水水位与沉降速率具有较高的时空一致性，相关性均大于等于 0.62。局部尺度上，沉降突变与地层密度变化较大（人类活动开采地下水引起）的地区具有较好的空间一致性。在地质体相对单一的条件下，集聚型沉降突变与断裂带分布具有空间一致性，位于断裂带两侧 1 000 m 缓冲区范围内，分散型沉降突变基本包含高层建筑。

6.3　小结

本章首先利用土地利用转移矩阵量化了 1990—2015 年北京的城市扩张情况；其次采用重心转移模型（GCM）和标准差椭圆（SDE）方法，定量揭示了研究区城市扩张与地面沉降的响应关系；最后优化集成雷达遥感、新型物探、空间分析和水文地质等多学科技术方法，结合承压水观测孔长期实测数据、典型地区密度信息和建筑高度等，分析城市扩张背景下北京平原区地面沉降突变机理，为深化区域地面沉降研究和综合防控提供新视角与科学依据。主要结论如下：

（1）北京朝阳—通州地区城市扩张与地面沉降漏斗（沉降速率＞50 mm/a）的发展方向高度一致，分别为正北方向顺时针旋转 116.8°和 113.3°，两者重心的扩张方向具有较强的空间一致性。

（2）在区域尺度上，整体上沉降突变的空间分布受地质条件控制，多年份突变主要位于冲洪积扇上部，单一年份突变主要位于冲洪积扇中下部，在地下水漏斗边缘，沉降突变的差异性较大。2005 年沉降突变的位置沉降较为严重，承压水水位与沉降速率整体相关性较高（$R^2 \geqslant 0.62$），其主控因素为地质背景，承压水水位快速下降是 2005 年沉降突变的主要诱因；2015 年沉降突变的位置主要位于沉降漏斗之外，承压水水位与沉降速率整体的相关性略低（$R^2 \leqslant 0.71$），承压水水位抬升是沉降突变的主要因素之一。

（3）在通州典型沉降区，沉降发生突变的位置多为地下水开采后地层密度发生改变的地方；城市和农村因地下水开采等人类活动导致地层密度改变的纵向影响深度分别为 20 m 和 90 m。

　　（4）在地质体相对单一的背景下，集聚型沉降突变大多发生在断裂带附近，在通州典型区横向影响范围约为 1 000 m；分散型沉降突变呈点状分布，影响范围相对较小，基本为高层建筑。

第7章 不同城市化进程下通州沉降典型区人工智能预测模型

本章充分搜集了通州地区分层地下水水位、动/静载荷数据，引入核密度等方法，准确刻画了通州地区动/静载荷信息；结合 SFRT 识别的地下介质信息，集成深度学习的注意力机制模型，量化识别分层地下水水位、分层可压缩层组、动/静载荷和断裂带等因素对地面沉降的贡献，揭示不同城市化进程下（城市、城市/农村交接带、农村）地面沉降复杂背景场的形成机制；建立北京通州沉降典型区堆叠的 LSTM 地面沉降预测模型，运用判定系数、损失曲线等指标评价模型的准确性，为区域地面沉降防控提供技术支撑与科学依据。

7.1 AM-LSTM 预测模型

深度学习是一种复杂的机器学习算法。随着数据规模的增加，深度学习以数据驱动为基础，可深入挖掘样本数据的特征及彼此关系。深度学习中的注意力（Attention）机制是对某个时刻的输出 Y，在输入 X 上各个部分的注意力（权重信息），已被广泛应用于机器翻译、情绪分析等领域[105]。Attention 机制源于人类视觉 Attention 机制，人类视觉通过快速扫描全局图像，获得需要重点关注的目标区域，对该区域投入更多注意力，以获取更多所需要关注目标的细节信息，抑制其他无用信息[106]。因此，结合多源空间数据，可尝试利用 Attention 机制方法，挖掘各影响因素对地面沉降的贡献量。

7.1.1 长短期记忆神经网络模型

长短期记忆神经网络（Long Short-Term Memory，LSTM）是链式循环神经网络（Recurrent Neural Network，RNN）的一种，通过引入门的概念来控制长期状态，增强对数据权值的控制。LSTM 能快速适应不断变化的数据，避免长期依赖，在面对高维复杂海量数据时具有较强的潜力，具有更高的效率和较短的工作时间[104]。其计算公式如下：

$$f_t = \sigma(W_f\left[h_{t-1}, \ x_t\right] + b_f) \tag{7.1}$$

$$i_t = \sigma(W_i\left[h_{t-1}, \ x_t\right] + b_i) \tag{7.2}$$

$$\widetilde{C_t} = \tan h(W_C\left[h_{t-1}, \ x_t\right] + b_C) \tag{7.3}$$

$$C_t = f_t C_{t-1} + i_t \widetilde{C_t} \tag{7.4}$$

$$O_t = \sigma(W_O\left[h_{t-1}, \ x_t\right] + b_O) \tag{7.5}$$

$$h_t = O_t \tan h(C_t') \tag{7.6}$$

LSTM 有 3 个门，即输入门、输出门、遗忘门，分别用 i_t、f_t、O_t 表示，以此决定每一时刻信息记忆与遗忘。输入门决定有多少新的信息加入细胞当中，遗忘门控制每一时刻信息是否会被遗忘，输出门决定每一时刻是否有信息输出。x_t 为 t 时刻的输入数据，σ 为 sigmoid 激活函数，$\tan h$ 为双曲正切激活函数，W_C 为候选向量权重，W_i、W_f、W_O 分别为输入门、输出门、遗忘门权重，b_i、b_f、b_O 为对应偏置值，b_C 为候选向量偏置，C_t 为 t 时刻的候选向量，$\widetilde{C_t}$ 为 t 时刻的候选向量更新值，h_t、h_{t-1} 分别为 t、t–1 时刻点模型的所有输出。

本研究首先根据输入数据训练网络，引入 Attention 机制获取权重参数，之后每次计算使用上一次计算得到的预测值作为本次计算的输入值，获取新的预测值。以此类推，迭代计算得到多步预测值，获取地面沉降预测结果。

7.1.2　基于 Attention 机制的堆叠式 LSTM 地面沉降预测模型

利用 Attention 机制计算注意力概率，可突出特定的因素对于沉降速率的重要程度，引入 Attention 机制考虑了更多的因素关联。引入 Attention 机制使 LSTM 模型能弥补原模型对长序列的依赖性，并且能对获取到的信息进行更加有效的学习。该模型结构如图 7-1 所示。

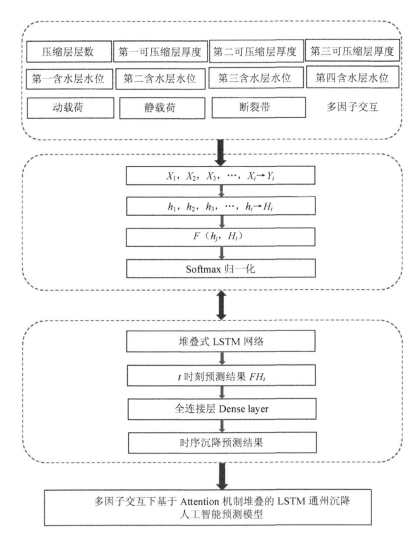

图 7-1 基于 Attention 机制的堆叠 LSTM 地面沉降预测模型结构

其中 $X_i(1 \leqslant i \leqslant n)$ 为输入特征序列，本研究选取了可压缩层层数、第一可压缩层厚度、第二可压缩层厚度、第三可压缩层厚度、第一含水层水位、第二含水层水位、第三含水层水位、第四含水层水位、断裂带、道路动载荷和建筑静载荷共 11 个因素，$h_i(1 \leqslant i \leqslant n)$ 为每个因素对应的网络节点状态。将 i 时刻的节点状态 H_i 和输入 X_i 通过函数 $F(h_j, H_i)$ 计算得到该时刻每个 X_i 对 Y_i 的注意力分配概率，然后经过 Softmax 归一化处理得到概率分布区间的注意力分配值。以 LSTM 单元输出门最后输出为例，将 X_i 导入 LSTM 模型中，获取输出特征值 Fh_i。第 t 个词对第 i 个词的注意力概率 a_{it} 为

$$Fh_{it} = U_a \times \tan h\left(U_b \times Fh_n + U_c \times Fh_t + b_a\right) \tag{7.7}$$

$$a_{it} = \frac{\exp(Fh_{it})}{\sum_{j=1}^{m}\exp(Fh_{ij})} \tag{7.8}$$

式中，U_a、U_b 和 U_c 为 Attention 机制中的权值矩阵；b_a 为偏置向量。假设获取的第 t 个新特征值为 FH_t，其表达式为

$$FH_t = \sum_{i=1}^{m} a_{it} Fh_t \tag{7.9}$$

基于 Attention 机制得到的特征值，经 LSTM 网络区块输出得到序列 FH_t，其中 t 表示最大输入长度。最后序列被全连接层处理，代入激活函数计算得到该序列的概率 $P_\theta(s)$，计算公式如下：

$$P_\theta(s) = f[S_\theta(s)] = \frac{1}{1+e^{-S_\theta(s)}} \tag{7.10}$$

式中，f 为激活函数；θ 为模型参数；$S_\theta(s)$ 为模型训练后的输出值。本研究将多个 LSTM 层组成堆叠式 LSTM 模型，上面的 LSTM 层提供序列输出到下面的 LSTM 层，通过堆叠增加网络深度，达到提高训练效率的目的。

7.2　获取具有"体"信息的通州沉降典型区静载荷信息

以往研究表明，地面沉降的不均匀性与载荷密度呈一定的正相关关系。Chen 等[81]、Zhou 等[47]运用建筑物指数，评价静载荷对地面沉降的影响。此方法能反映该地区是否具有建筑物，但不能量化该地区建筑物的"体"信息。本研究引入"核密度"函数估计的方法，结合空间分析技术，联合航空摄影测量技术获得的研究区各单体建筑高度与面积信息，精准量化研究区建筑静载荷的"体"信息。

7.2.1　核密度函数估计原理

核密度估计（Kernel Density Estimation，KDE）是在概率论中用来估计未知

的密度函数，属于非参数检验方法之一，在社会学、医学和地学等领域有广泛的应用[122]。所谓核密度估计，就是采用平滑的峰值函数"核"来拟合观察到的数据点，从而对真实的概率分布曲线进行模拟。

设 X_1，X_2，…，X_n 为单元变量 X 的独立同分布的一个样本，则 X 所服从分布的密度函数 $f(X)$ 的核密度估计为

$$f(X) = \frac{1}{n} \sum_{j=1}^{n} \frac{1}{h} K\left(\frac{X - X_i}{h}\right) \tag{7.11}$$

式中，$K(u)$ 为核函数；h 为窗口宽度。

7.2.2 具有"体"特征的静载荷信息获取

本研究采用核密度估计方法，利用空间分析技术，量化空间范围内研究区建筑的"体"信息。其中，输入数据是建筑的点信息，包含建筑的高度与面积，数据来自北京信息管理中心；输出的格网大小为 20 m（与检波点间隔保持一致），搜索半径为 100 m，密度计算采用 GEODESIC 方法。运用该方法获取的 2008 年和 2018 年沉降典型区建筑"体"信息如图 7-2 所示，由图可见重点沉降研究区近年来"静载荷"集聚增加。最后，利用空间链接的方法，获取各检波点静载荷的"体"信息。

图 7-2 基于核密度估计的通州沉降典型区静载荷"体"信息对比（2008 年和 2018 年）

7.3　联合三维地震频谱谐振技术解译可压缩层信息

运用第 5 章获取的通州沉降典型区实体空间结构模型，结合空间分析技术，在 Python 环境下计算不同检波点对应的可压缩层层数和厚度信息。其具体步骤为：①运用地震频谱谐振技术获取的地层密度信息，结合钻孔资料和水文地质条件，获取剖面地层完整的可压缩层信息；②运用 FISHNET 工具，对每个检波点做垂向剖分，运用 Python 工具，获取各检波点各压缩层厚度和层数。

需要说明的是，在 SFRT 试验的 753 个点中，点号 0～452 为农村地区，点号 453～590 为农村/城市交接带地区，点号 591～752 为城市地区，其中，点号 452、590 和 644 为识别的断裂带所在位置。

7.3.1　可压缩层层数提取

已有资料显示，在同等开采条件下，黏性土层数越多，沉降速率越大，故本研究依据解译的地下空间实体结构模型，获取各检波点地下 0～400 m 可压缩层真实层数，如图 7-3 所示。在站点 0～452 的检波点，即农村地区，在地下 0～400 m，可压缩层层数为 4～8 层；在站点 453～590 的检波点，即农村/城市交接带地区，在地下 0～400 m，可压缩层层数为 3～8 层；在站点 591～752 的检波点，即城市地区，在地下 0～400 m，可压缩层层数为 7～9 层。

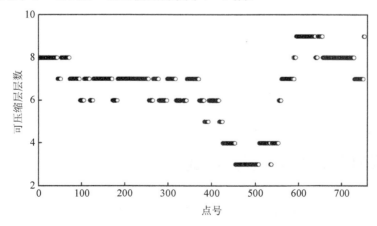

图 7-3　基于地震频谱谐振技术解译的沉降典型区可压缩层层数

7.3.2 分层可压缩层厚度的获取

依据 5.2 节解译的可压缩层厚度信息，运用空间分析技术，本研究获取了站点 0～752 各检波点的可压缩层厚度。为了与四层地下水水位相匹配，基于 3.1 节搜集的北京平原区分层可压缩厚度图，本研究将提取的真实可压缩层厚度进行了三层概化统计，并获取各检波点在地下 0～400 m 时三层可压缩层的真实厚度，如图 7-4 所示。

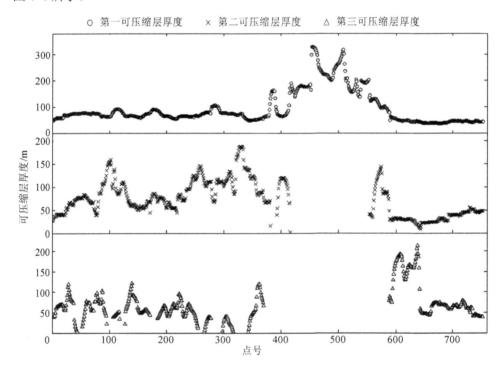

图 7-4 基于地震频谱谐振技术获取的通州沉降典型区可压缩层厚度

7.4 通州沉降典型区道路动载荷信息获取

已有资料显示，随着城市集群的快速扩张，立体交通网络（地铁、立交桥等）形成的动载荷急剧增加，区域差异性沉降问题尤为突出[123,124]。2017 年周超凡等[125]

运用数据场模型，获得北京平原区动载荷分布，但该研究仅考虑了环道和地铁信息，且为一年的数据，没有动态地表达动载荷信息。本研究选用时序 2014—2018 年的路网数据，运用空间分析技术，获取研究区不同检波点上的路网权重信息。过程中，依据 OSM 数据的最大时速（max speed）属性，对各检波点的路网权重进行赋值。在交叉路口的影响范围内，检波点的路网权重为权重之和。2014—2018 年北京通州沉降典型区动态路网信息如图 7-5 所示，该时间段内，研究区道路密度急速增加，特别是 2014—2015 年增速较快。

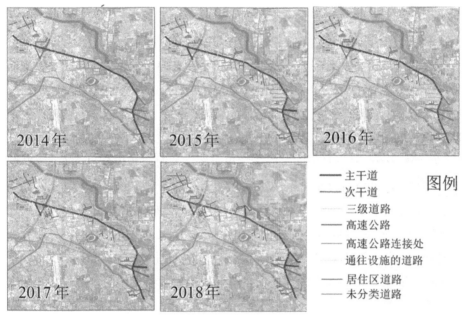

图 7-5　2014—2018 年北京通州沉降典型区动态路网信息对比

7.5　基于地震频谱谐振技术获取断裂带权重信息

本研究创新运用地震频谱谐振技术解译的断裂带信息，对每个检波点上的断裂权重进行赋值。其技术原理为：在垂向上，断距越大，则断裂两侧的地层信息差异越大，断裂权重就越大；在水平向上，检波点距断裂越远，则受断裂影响越小，断裂权重就越小。具体步骤为：首先，依据先验知识寻找研究区的主要断裂，并找出距断裂最近的检波点信息；其次，每个点的断裂权重值为 SFR 解译的断距/检波点到对应检波点的欧氏距离；最后，依次对每个检波点进行赋值，在检波点位于断裂带中，检波点的断裂权重为其两侧权重之和。具体公式为

$$f_i(w) = \frac{H_f}{\sqrt{(x_i - x_f)^2 + (y_i - y_f)^2}} \qquad (7.12)$$

式中，$f_i(w)$ 为 i 点的断裂权重值；H_f 为该断裂对应的最大断距；x_i、y_i 为点 i 的空间坐标；x_f、y_f 为断裂对应点号的空间坐标。

本研究依据上述方法获取了各检波点断裂的权重赋值，其中，站点 452、590 和 644 点分别为 5.2 节所阐述的 F8-2、F8-6 和 F8-8 对应的位置。检波点采样间隔为 20 m，如图 7-6 所示，F8-2 在 416～486 号点，断裂对地面沉降影响权重较高，对应距离为 1 400 m，断裂两侧影响半径均为 700 m。F8-6 在 554～609 号点对地面沉降影响权重较大，对应距离为 1 100 m，其左侧和右侧分别为 720 m 和 380 m。F8-8 在 625～695 号点对地面沉降影响权重较大，对应距离为 1 400 m，左侧为 400 m，右侧为 1 000 m。F8-6 和 F8-8 对地面沉降的影响在断裂两侧具有明显差异性。三维地震频谱谐振技术监测结果表明，F8-2、F8-6 和 F8-8 对地面沉降的横向影响范围分别约为 1 400 m、1 100 m 和 1 400 m；而 6.2.3 节研究结果表明，沉降突变格网呈条状分散在断裂带两侧，其横向的影响范围约为 1 000 m。由此可知，基于 SFRT 和 InSAR 技术获取的断裂带横向影响范围结果较为一致，相互印证，进一步验证了结果的可靠性。

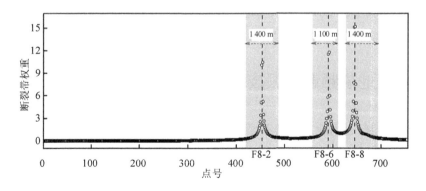

图 7-6   基于地震频谱谐振技术的通州沉降典型区断裂带权重示意图

7.6　各检波点地下水水位获取

本研究采用的地下水数据为 2014—2018 年四层地下水水位等值线，数据来源于北京市水文地质工程地质大队，数据范围覆盖北京通州地区，数据类型为等值线矢量文件，数据精度可达 5 m。各检波点获取地下水水位信息具体步骤为：①利用 GIS 技术将地下水水位等值线创建不规则三角网（TIN）；②将 TIN 转化为栅格数据；③运用掩膜提取方法，获取各检波点地下水水位信息。

7.7　不同城市化进程下地面沉降影响因子权重与预测研究

7.7.1　各影响因子的热图

热图（Heatmap）可简单地聚合大量数据，该方法的行为基因和列为样本可通过颜色的深浅变化直观地展示数组组别之间的区别与联系，其展示的最终效果一般优于离散点的直接显示。本次地面沉降预测模型共有 11 个因子，分别为可压缩层层数、第一可压缩层厚度、第二可压缩层厚度、第三可压缩层厚度、第一含水层水位、第二含水层水位、第三含水层水位、第四含水层水位、断裂带、道路动载荷和建筑静载荷。2014—2018 年通州沉降典型区影响因子的热图如图 7-7 所示。

7.7.2　基于 Attention 机制的堆叠 LSTM 沉降预测结果

本研究采用深度学习的方法，在多因素背景下，精准量化地面沉降典型区地表形变的驱动因素并进行预测，为地面沉降的精准防控提供技术支撑。本研究在 Keras Python 深度学习库中，建立基于 Attention 机制的堆叠的 LSTM 多因子权重北京地面沉降预测模型。该模型共选择 11 个因子，目标层为地面沉降速率，以下为迭代 300 次的结果，在模型模拟过程中，随机选取 70%的点为训练集，30%的点为测试集。为探讨不同城市化进程下沉降的形成机制，本研究采用分段模拟，点号 0～452 为农村地区，点号 453～590 为农村/城市交接带地区，点号 591～752 为城市地区。

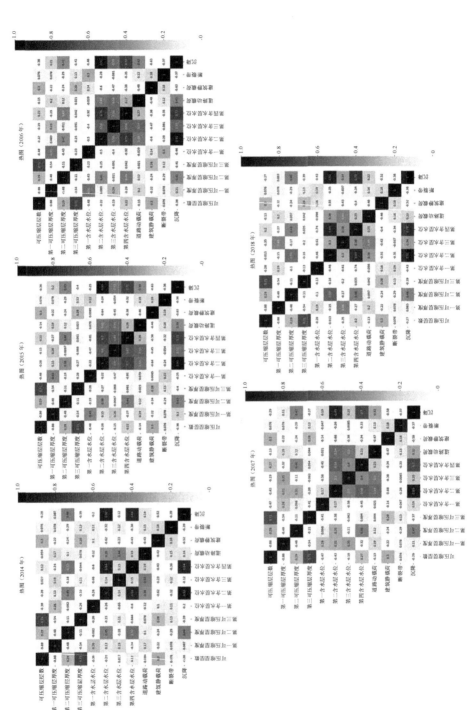

图 7-7 2014—2018 年通州沉降典型区影响因子的热图

（1）不同城市化进程下沉降各影响因素的属性重要度

各模型的属性重要程度如表 7-1 所示。2014—2018 年，通州沉降典型区可压缩层的贡献率最大，为 55.4%～68.9%；其次为地下水水位，其贡献率为 18.7%～32.8%；道路动载荷、建筑静载荷和断裂带的贡献率相对较小，其中，道路动载荷的贡献率为 4.2%～5.2%，建筑静载荷的贡献率为 3.9%～4.8%，断裂带的贡献率为 3.8%～4.9%。

表 7-1　不同城市化进程下各因子对地面沉降的贡献率

地区	可压缩层数	第一可压缩层厚度	第二可压缩层厚度	第三可压缩层厚度	道路动载荷	建筑静载荷
农村	0.105 9	0.234 6	0.178 5	0.170 4	0.042 8	0.042 6
交接带	0.103 5	0.113 6	0.134 2	0.183 5	0.052 1	0.039 8
城市	0.144 3	0.129 6	0.168 7	0.111 2	0.052 0	0.048 4
地区	第一含水层水位	第二含水层水位	第三含水层水位	第四含水层水位	断裂带	
农村	0.054 3	0.047 5	0.042 2	0.043 1	0.038 2	
交接带	0.176 2	0.045 9	0.047 1	0.059 3	0.041 9	
城市	0.091 4	0.086 0	0.055 0	0.063 9	0.049 5	

2014—2018 年农村地区各权重因子贡献量如图 7-8 所示，可压缩层的贡献率为 68.9%，地下水水位的贡献率为 18.7%，道路动载荷的贡献率为 4.3%，建筑静载荷的贡献率为 4.2%，断裂带的贡献率为 3.8%。对于农村地区，第一可压缩层厚度的贡献率最大，为 23.5%，其原因可能为该地区开采层位较浅，开采强度较小；第二可压缩层厚度、第三可压缩层厚度的贡献率分别为 17.8% 和 17%。农村地区各层含水层组的贡献率均在 5% 左右，道路动载荷的贡献率为 4.2%，建筑静载荷的贡献率为 4.2%，断裂带的贡献率最小，为 3.8%。

对于农村/城市交接带地区，可压缩层的贡献率为 53.6%，地下水水位的贡献率为 33%，道路动载荷的贡献率为 5.2%，建筑静载荷的贡献率为 4.2%，断裂带的贡献率为 4%（图 7-9）。在 3 个模型中，分析其原因为该段地区为农村/城市交接带（位于六环缓冲区），其动载荷较大，故相较于其他两个地区，该段断裂对地面沉降的贡献率最高。该段处于断裂带区域，建筑物较少，相比其他两个区域，该段的静载荷对地面沉降的贡献率最小。

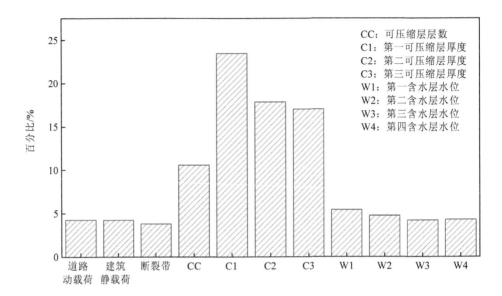

图 7-8　农村地区各权重因子贡献量

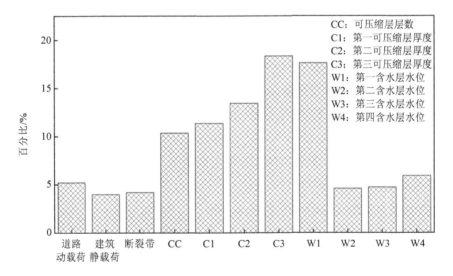

图 7-9　城市/农村交接带地区各权重因子贡献量

如图 7-10 所示，对于城市地区，北京通州沉降典型区可压缩层的贡献率为
55.4%，地下水水位的贡献率为 29.6%，道路动载荷的贡献率为 5.2%，建筑静载荷的

贡献率为 4.8%，断裂带的贡献率为 4.9%。该区域的第二可压缩层厚度贡献率最高，约为 16.9%。与其他两个地区相比，该段的地下水水位贡献率最高，同时该段的建筑静载荷贡献率最高。分析其原因为，该地区进入城区，地下水开采量变大，且建筑静载荷也相对较高。

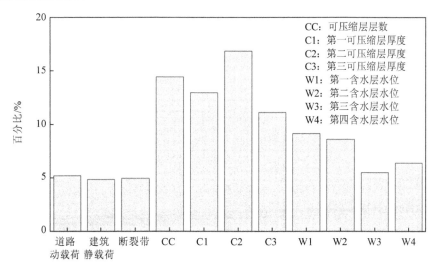

图 7-10　城市地区各权重因子贡献量

（2）基于 Attention 机制的堆叠 LSTM 沉降预测模型精度评价

为减少 AM-LSTM 训练过程中的误差，本研究将前一次迭代的误差反馈到网络中，对权重进行优化，模型训练损失曲线如图 7-11 所示。可以看出，农村、城市/农村交接带和城市 3 个地区的地面沉降预测模型均很快收敛且较为稳定，这说明模型精度较高。

各区域的模型精度如图 7-12 和表 7-2 所示。总体来说，AM-LSTM 地面沉降预测模型在各区域的精度较高。其中在农村地区，RMSE 为 0.96 mm/a，判定系数为 0.97；在城市/农村交接带地区，RMSE 为 3.17 mm/a，判定系数为 0.95；在城市地区，RMSE 为 2.91 mm/a，判定系数为 0.97。

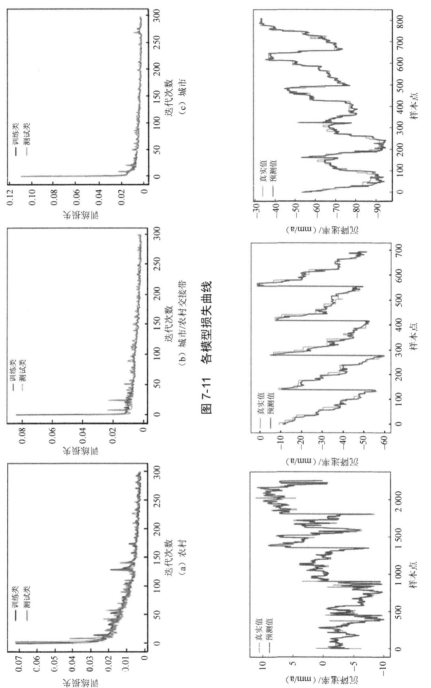

图 7-11 各模型损失曲线

图 7-12 不同城市化进程下堆叠的 LSTM 沉降预测模型模型结果

表 7-2 AM-LSTM 地面沉降预测模型评价指标

	RMSE/（mm/a）	判定系数
农村	0.96	0.97
城市/农村交接带	3.17	0.95
城市	2.91	0.97

7.8 小结

本章首先介绍了 LSTM 模型、基于 Attention 机制堆叠的 LSTM 模型的原理；其次优化集成新型物探、空间分析和深度学习等技术方法，准确刻画驱动因子的权重赋值，运用 Attention 机制模型，量化识别分层地下水水位、分层可压缩层组、动/静载荷和断裂带等因素对不同区域地面沉降的贡献率；最后建立北京通州沉降典型区堆叠的 LSTM 地面沉降预测模型，运用损失曲线、判定系数等评价模型的准确性，主要结论如下：

（1）引入核密度估计等方法，可准确刻画研究区静载荷的"体"信息；基于地震频谱谐振技术获取的沉降演化空间实体结构模型，运用空间分析等技术，可计算不同检波点对应的可压缩层层数和厚度信息，通州地区地下 0～400 m，各检波点的可压缩层数为 3～9 层；选用时序的 OSM 路网数据，依据空间分析和数理统计方法，获取研究区不同检波点上的路网权重信息。

（2）本研究创新运用地震频谱谐振技术和多源空间数据联合解译的断裂带信息，对各检波点上的断裂权重进行赋值。其技术原理为：在垂向上，断距越大，则断裂两侧的地层信息差异越大，断裂权重就越大；在水平向上，检波点距断裂越远，受断裂影响越小，断裂权重就越小。依据北京通州沉降典型区演化实体空间结构模型，F8-2、F8-6 和 F8-8 对地面沉降的横向影响范围分别约为 1 400 m、1 100 m 和 1 400 m。基于 SFRT 和 InSAR 技术获取的断裂带横向影响范围结果具有较高的一致性，交叉识别了断裂带对沉降突变的影响。

（3）Attention 机制模型结果显示，2014—2018 年通州沉降典型区可压缩层的贡献率最大，为 55.4%～68.9%；其次为地下水水位，其贡献率为 18.7%～33%；

道路动载荷、建筑静载荷和断裂带的贡献率相对较小，其中，道路动载荷的贡献率为 4.2%～5.2%，建筑静载荷的贡献率为 4%～4.8%，断裂带的贡献率为 3.8%～4.9%。

（4）对于农村、城市/农村交接带和城市 3 个地区堆叠的 LSTM 地面沉降预测模型，其损失曲线均很快收敛且较为稳定，说明模型精度较高。其判定系数均不低于 0.95，RMSE 均小于等于 3.17 mm/a。

第8章 结论与展望

8.1 结论

本研究在系统总结国内外学者在地面沉降监测、演化规律、成因机理和预测的基础上，以北京平原区为背景区、通州地区为重点研究区，针对区域地面沉降突变成因，优化集成 InSAR、三维地震频谱谐振和深度学习等新技术方法，识别北京平原区地面沉降突变模式，并揭示成因机理，主要结论如下。

（1）北京平原区地表形变信息提取

本研究获取了 3 个时段（2003—2010 年、2010—2016 年和 2017—2020 年）的北京平原区时序地表形变信息，并运用水准测量数据对 InSAR 监测结果进行了验证。2003—2010 年北京平原区平均沉降速率为–136.5～8.8 mm/a，2010—2016 年北京平原区平均沉降速率为–163.8～12.7 mm/a，2017—2019 年北京平原区平均沉降速率为–120.6～18.2 mm/a。时序融合后的 InSAR 结果显示，2004—2019 年，北京平原区沉降速率为–136.9～6.0 mm/a，平均沉降速率为–12.9 mm/a，最大累计沉降量为 2.2 m，位于双桥一带。通州地区地表形变量为–133.9～3.9 mm/a，平均沉降速率超过 50 mm/a 的面积约为 121 km^2，约占通州区总面积的 3%。

（2）北京平原区地面沉降快速变化空间模式的识别

本研究利用 Mann-Kendall 突变检验方法，获取了长时序北京平原区地面沉降速率突变时间及对应范围。结果显示，单一年份沉降突变的格网数和多年份突变的格网数分别为 2 744 个和 1 048 个，包含 2015 年地面沉降突变的格网数最多（2 112 个）。地面沉降场散度结果显示，2010—2014 年研究区地面沉降散度区间为–13.1～14.2，2015—2019 年研究区地面沉降散度区间为–10.5～11.3，新水情背景下北京平原区地面沉降散度值的震荡区间有所减小。Mann-Kendall 突变检验和散度场结果均显示，南水北调在一定程度上缓解了北京平原区地面沉降的快速发展趋势。重心转移和标准差椭圆结果显示，2004—2015 年北京朝阳—通州地区地面沉降漏斗重心主要分布在石各庄—永顺一带，沉降漏斗扩张方向明显，方向角度为正北方向顺时针旋转 113.3°。

（3）构建通州典型沉降区演化实体空间结构模型

本研究将地震频谱谐振技术和 InSAR 技术相结合，结合多源空间数据，获取了通州沉降典型区地下 0～400 m 地层密度信息，为定量研究地下地质结构、了解地面不均匀沉降机理提供了一种新方法。结果表明，在 SFRT 试验剖面线上，燕郊断裂带是控制东八里庄—大郊亭沉降漏斗向东南方扩展的边界。以 F8-2、F8-6 和 F8-8 为边界，地面沉降具有明显的分段特征。在 F8-2 左侧，地面沉降较为平缓，地面沉降斜率约为 0；在 F8-2～F8-6，地面沉降呈现缓慢下降的趋势，斜率约为-0.3；在 F8-6～F8-8，地面沉降呈现急剧下降的趋势，斜率约为-0.7；在 F8-8 至剖面线结束，地面沉降较为严重，但具有减缓趋势，斜率约为 0.3。本研究创新运用三维地震频谱谐振技术，结合多源空间数据，识别了各通州沉降典型区含水层单元的主要岩性组成，揭示了可压缩层对不均匀沉降形成的贡献。从更可压缩的单元抽取地下水时，地面沉降现象将更严重。当断层深度和厚度突变时，地震频谱谐振技术能准确地探测出各单元的几何形状。

（4）城市扩张背景下沉降突变机理研究

北京朝阳—通州地区城市扩张与地面沉降漏斗（沉降速率＞50 mm/a）的发展方向高度一致，分别为正北方向顺时针旋转 116.8°和 113.3°，两者重心扩张方向具有较强的空间一致性。在区域尺度上，地质背景对沉降突变的整体空间分布模式具有一定的控制作用；承压水水位快速下降是导致 2005 年北京平原区沉降突变的主要因素，其承压水水位与沉降速率具有较高的时空一致性，相关性均大于等于 0.62。局部尺度上，沉降突变与地层密度变化较大（由人类活动开采地下水引起）的地区具有较好的空间一致性；城市和农村因地下水开采等活动导致地层密度改变的纵向影响深度分别为 20 m 和 90 m。在地质体相对单一的条件下，集聚型沉降突变与断裂带分布具有空间一致性，均位于断裂带两侧 1 000 m 缓冲区范围内；分散型沉降突变包含高层建筑。

（5）不同城市化进程下通州沉降典型区人工智能预测模型

运用构建的通州沉降典型区演化实体空间结构模型，识别出重点研究区各检波点的可压缩层数为 3～9 层；F8-2、F8-6 和 F8-8 对地面沉降的横向影响范围分别约为 1 400 m、1 100 m 和 1 400 m。基于 SFRT 和 InSAR 技术获取的断裂带横向影响范围结果具有较高的一致性。Attention 机制模型结果显示，2014—2018 年通州沉降典型区可压缩层的贡献率最大，为 55.4%～68.9%；其次为地下水水位，其贡献率为 18.7%～33%；道路动载荷、建筑静载荷和断裂带的贡献率相对较小，贡献率均在 4%左右。不同城市化进程下（农村、农村/城市交接带、城市）堆叠的 LSTM 地面沉降预测模型结果精度均较高，损失曲线均很快收敛且较为稳定，判定系数均不低于 0.95，RMSE 均小于等于 3.17 mm/a。

8.2　创新点

在南水北调、城市副中心建设的新阶段，近年来北京平原区特别是通州地区，地面沉降速率变化较大，甚至出现地裂缝群发等复杂演化，其突变特征明显。本研究针对区域地面沉降突变成因，集成 InSAR、SFRT 和深度学习等新技术方法，识别区域地面沉降突变模式，揭示成因机理。本研究主要创新点如下。

（1）量化识别区域地面沉降快速演化的空间模式，为研究地面沉降演化提供新视角

在长时序 InSAR 监测结果的基础上，本研究选取 Mann-Kendall 突变检验、散度、重心转移和标准差椭圆等方法，融合地面沉降野外台站、京津冀地学数据分中心等多源实测数据，获取了北京平原区地面沉降快速变化的规律，揭示了区域沉降突变的空间模式。

（2）针对区域沉降突变成因机理研究，优化集成新技术、新方法

集成雷达遥感、新型物探、空间分析和水文地质等多学科技术方法，结合承压水观测孔、典型地区地层密度信息和土地利用类型等多源数据，系统揭示了城市扩张背景下北京平原区沉降突变成因机理。综合分析 InSAR、SFRT 和野外台站监测数据集，构建了通州典型沉降区实体空间结构模型，量化了沉降突变的驱动响应机制。

（3）建立不同城市化进程下，北京通州地面沉降人工智能预测模型

结合沉降实体空间模型，采取空间分析、核密度估计等多种手段，获取各检波点权重因子的特征数据集；创建了基于 Attention 机制的堆叠 LSTM 通州地面沉降预测模型，量化了通州沉降区的分层地下水水位、可压缩层组、动/静载荷与断裂带对沉降的贡献，为区域沉降精准防控、预警提供了可借鉴的新方法。

8.3 展望

本研究优化集成 InSAR、SFRT 等技术方法，联合地面沉降野外台站提供的地下水动态监测孔、控制性水文地质剖面等多源空间数据，构建典型区沉降演化实体空间结构模型；在长时序 InSAR 监测的基础上，结合 Mann-Kendall 突变检验、散度、重心转移和标准差椭圆等方法，量化北京平原区地面沉降演化快速变化的空间模式；结合多源空间数据，引入核密度估计等技术方法，精准刻画影响地面沉降的各影响因子；联合深度学习的最新进展，选取 Attention 机制下堆叠LSTM 模型，量化识别各影响因子（分层地下水水位、分层可压缩层组、动/静载荷和断裂带）对地面沉降的贡献，揭示不同城市化进程下地面沉降复杂背景场的成因机制；建立多因子交互下北京通州沉降典型区人工智能预测模型，为区域地面沉降的精准防控提供新方法和科学依据。研究工作目前取得了一定的进展，在后续研究中，仍需继续努力。后续研究方向如下：

（1）本次地震频谱谐振试验仅揭示了朝阳东八里庄—大郊亭漏斗的部分边界；以往研究表明，北京朝阳—通州漏斗为复合型叠加漏斗，后续可尝试开展整个区域的地球物理勘探试验，结合多源空间数据，揭示整个北京朝阳—通州漏斗复杂演化规律与形成机制。

（2）本研究开展堆叠的 LSTM 地面沉降预测时，搜集的水位信息为分层地下水水位等值线，在对各检波点进行赋值时，采用了不规则格网插值法，存在一定的误差，后续可搜集时序的地下水水位观测孔数据，提高沉降预测模型的精度；在数据满足的情况下，延长地面沉降模型模拟时间，对比新水情背景下各权重因子对地面沉降贡献的差异。同时，可尝试搜集检波点附近的分层标数据，用于Attention 机制模型的分层可压缩层贡献率的验证。

参考文献

[1] MINDERHOUD P S J，COUMOU L，ERBAN L E，et al. The relation between land use and subsidence in the Vietnamese Mekong delta[J]. Sci Total Environ，2018，634：715-726.

[2] ZHU L，FRANCESCHINI A，GONG H，et al. The 3-D facies and geomechanical modeling of land subsidence in the Chaobai plain，Beijing[J]. Water Resources Research，2020，56（3）：1-22.

[3] CORBAU C，SIMEONI U，ZOCCARATO C，et al. Coupling land use evolution and subsidence in the Po Delta，Italy：revising the past occurrence and prospecting the future management challenges[J]. Sci Total Environ，2019，654：1196-1208.

[4] CHAUSSARD E，WDOWINSKI S，CABRAL-CANO E，et al. Land subsidence in central Mexico detected by ALOS InSAR time-series[J]. Remote Sensing of Environment，2014，140：94-106.

[5] MINH D，VAN TRUNG L，TOAN T. Mapping ground subsidence phenomena in Ho Chi Minh City through the Radar Interferometry technique using ALOS PALSAR data[J]. Remote Sensing，2015，7（7）：8543-8562.

[6] LUO Q，ZHOU G，PERISSIN D. Monitoring of subsidence along Jingjin inter-city railway with high-resolution TerraSAR-X MT-InSAR Analysis[J]. Remote Sensing，2017，9（7）：1-14.

[7] SHI Y，SONG H，SHANG M，et al. Analysis of land cover and landscape pattern change in Beijing-Tianjin-Hebei region based on globeland 30 data[J]. Journal of Geographic Information System，2020，12（3）：241-255.

[8] SHI M，CHEN B，GONG H，et al. Monitoring differential subsidence along the Beijing-Tianjin intercity railway with multiband SAR data[J]. Int J Environ Res Public Health，2019，16（22）：1-22.

[9] GUO L，GONG H，LI J，et al. Understanding uneven land subsidence in Beijing，China，using a novel combination of geophysical prospecting and InSAR[J]. Geophysical Research Letters，2020，47（16）：1-11.

[10] 周超凡，宫辉力，陈蓓蓓，等. 北京地面沉降时空分布特征研究[J]. 地球信息科学，2017，19（2）：205-215.

[11] GUO L，GONG H，ZHU F，et al. Analysis of the spatiotemporal variation in land subsidence on the Beijing plain，China[J]. Remote Sensing，2019，11（10）：1-20.

[12] SUN H，ZHU L，GUO L，et al. Understanding the different responses from the similarity between displacement and groundwater level time series in Beijing，China[J]. Natural Hazards，2021，111（1）：1-18.

[13] FOROUGHNIA F，NEMATI S，MAGHSOUDI Y，et al. An iterative PS-InSAR method for the analysis of large spatio-temporal baseline data stacks for land subsidence estimation[J]. International Journal of Applied Earth Observation and Geoinformation，2019，74：248-258.

[14] CASTELLAZZI P，GARFIAS J，MARTEL R，et al. InSAR to support sustainable urbanization over compacting aquifers：the case of Toluca Valley，Mexico[J]. International Journal of Applied Earth Observation and Geoinformation，2017，63：33-44.

[15] ALBANO M，POLCARI M，BIGNAMI C，et al. An innovative procedure for monitoring the change in soil seismic response by InSAR data：application to the Mexico City subsidence[J]. International Journal of Applied Earth Observation and Geoinformation，2016，53：146-158.

[16] MAGHSOUDI Y，VAN DER MEER F，HECKER C，et al. Using PS-InSAR to detect surface deformation in geothermal areas of West Java in Indonesia[J]. International Journal of Applied Earth Observation and Geoinformation，2018，64：386-396.

[17] DU Z，GE L，NG A H-M，et al. Correlating the subsidence pattern and land use in Bandung，Indonesia with both Sentinel-1/2 and ALOS-2 satellite images[J]. International Journal of Applied Earth Observation and Geoinformation，2018，67：54-68.

[18] MOTAGH M，SHAMSHIRI R，HAGHSHENAS HAGHIGHI M，et al. Quantifying groundwater exploitation induced subsidence in the Rafsanjan plain，southeastern Iran，using InSAR time-series and in situ measurements[J]. Engineering Geology，2017，218：134-151.

[19] ANTONELLINI M，GIAMBASTIANI B M S，GREGGIO N，et al. Processes governing natural

land subsidence in the shallow coastal aquifer of the Ravenna coast，Italy[J]. Catena，2019，172：76-86.

[20] LOESCH E，SAGAN V. SBAS Analysis of induced ground surface deformation from wastewater injection in east central Oklahoma，USA[J]. Remote Sensing, 2018, 10（2）：1-16.

[21] BARNHART W D，YECK W L，MCNAMARA D E. Induced earthquake and liquefaction hazards in Oklahoma，USA：constraints from InSAR[J]. Remote Sensing of Environment，2018，218：1-12.

[22] DA LIO C，TEATINI P，STROZZI T，et al. Understanding land subsidence in salt marshes of the Venice Lagoon from SAR Interferometry and ground-based investigations[J]. Remote Sensing of Environment，2018，205：56-70.

[23] SHVIRO M，HAVIV I，BAER G. High-resolution InSAR constraints on flood-related subsidence and evaporite dissolution along the Dead Sea shores：interplay between hydrology and rheology[J]. Geomorphology，2017，293：53-68.

[24] BEKAERT D P S，JONES C E, AN K, et al. Exploiting UAVSAR for a comprehensive analysis of subsidence in the Sacramento Delta[J]. Remote Sensing of Environment，2019，220：124-134.

[25] FUHRMANN T，GARTHWAITE M C. Resolving three-dimensional surface motion with InSAR：constraints from multi-geometry data fusion[J]. Remote Sensing, 2019, 11（3）：1-21.

[26] AIMAITI Y，YAMAZAKI F，LIU W. Multi-sensor InSAR analysis of progressive land subsidence over the coastal city of Urayasu，Japan[J]. Remote Sensing，2018，10（8）：1-25.

[27] QU F，ZHANG Q，LU Z，et al. Land subsidence and ground fissures in Xi'an, China 2005-2012 revealed by multi-band InSAR time-series analysis[J]. Remote Sensing of Environment，2014，155：366-376.

[28] ZHOU C，GONG H，CHEN B，et al. Land subsidence response to different land use types and water resource utilization in Beijing-Tianjin-Hebei，China[J]. Remote Sensing，2020，12（3）：1-22.

[29] ZHOU C，GONG H，CHEN B，et al. InSAR time-series analysis of land subsidence under different land use types in the eastern Beijing plain，China[J]. Remote Sensing，2017，9（4）：1-16.

[30] ZHOU C，GONG H，CHEN B，et al. Land subsidence under different land use in the eastern

Beijing plain，China 2005-2013 revealed by InSAR timeseries analysis[J]. GIScience & Remote Sensing，2016，53（6）：671-688.

[31] YANG M，YANG T，ZHANG L，et al. Spatio-Temporal characterization of a reclamation settlement in the Shanghai coastal area with time series analyses of X-，C-，and L-Band SAR datasets[J]. Remote Sensing，2018，10（2）：1-18.

[32] PENG J，WANG F，CHENG Y，et al. Characteristics and mechanism of Sanyuan ground fissures in the Weihe Basin，China[J]. Engineering Geology，2018，247：48-57.

[33] PENG M，ZHAO C，ZHANG Q，et al. Research on spatiotemporal land deformation （2012-2018）over Xi'an，China，with Multi-Sensor SAR datasets[J]. Remote Sensing，2019，11（6）：1-21.

[34] NG A，WANG H，DAI Y，et al. InSAR reveals land deformation at Guangzhou and Foshan，China between 2011 and 2017 with COSMO-SkyMed Data[J]. Remote Sensing，2018，10（6）：1-23.

[35] ZHANG Y，WU H A，KANG Y，et al. Ground subsidence in the Beijing-Tianjin-Hebei region from 1992 to 2014 revealed by multiple SAR stacks[J]. Remote Sensing，2016，8（8）：1-17.

[36] ZHANG Y，ZHANG J，WU H，et al. Monitoring of urban subsidence with SAR interferometric point target analysis：a case study in Suzhou，China[J]. International Journal of Applied Earth Observation and Geoinformation，2011，13（5）：812-818.

[37] 薛禹群，吴吉春，张云，等. 长江三角洲（南部）区域地面沉降模拟研究[J]. 中国科学，2008，38（4）：477-492.

[38] ZHOU C，GONG H，ZHANG YOU，et al. Reduced rate of land subsidence since 2016 in Beijing，China：evidence from Tomo-PSInSAR using RadarSAT-2 and Sentinel-1 datasets[J]. International Journal of Remote Sensing，2020（41）：1-27.

[39] OU D，TAN K，DU Q，et al. Decision fusion of D-InSAR and pixel offset tracking for coal mining deformation monitoring[J]. Remote Sensing，2018，10（7）：1-18.

[40] KIM J-W，LU Z，JIA Y，et al. Ground subsidence in Tucson，Arizona，monitored by time-series analysis using multi-sensor InSAR datasets from 1993 to 2011[J]. ISPRS Journal of Photogrammetry and Remote Sensing，2015，107：126-141.

[41] 朱建军，杨泽发，李志伟. InSAR 矿区地表三维形变监测与预计研究进展[J]. 测绘学报，

2019，48（2）：135-144.

[42]　BAI L，JIANG L，WANG H，et al. Spatiotemporal characterization of land subsidence and uplift（2009-2010）over Wuhan in Central China Revealed by TerraSAR-X InSAR analysis[J]. Remote Sensing，2016，8（4）：1-14.

[43]　LIAO H，MEYER F J，SCHEUCHL B，et al. Ionospheric correction of InSAR data for accurate ice velocity measurement at polar regions[J]. Remote Sensing of Environment，2018，209：166-180.

[44]　ZHAO C，LIU C，ZHANG Q，et al. Deformation of Linfen-Yuncheng Basin（China）and its mechanisms revealed by Π-RATE InSAR technique[J]. Remote Sensing of Environment，2018，218：221-230.

[45]　ZHENG L，ZHU L，WANG W，et al. Land subsidence related to coal mining in China revealed by L-band InSAR analysis[J]. Int J Environ Res Public Health，2020，17（4）：1-19.

[46]　ZHAO R，LI Z-W，FENG G-C，et al. Monitoring surface deformation over permafrost with an improved SBAS-InSAR algorithm：with emphasis on climatic factors modeling[J]. Remote Sensing of Environment，2016，184：276-287.

[47]　ZHOU C，GONG H，CHEN B，et al. Quantifying the contribution of multiple factors to land subsidence in the Beijing plain，China with machine learning technology[J]. Geomorphology，2019，335：48-61.

[48]　GAO M，GONG H，CHEN B，et al. Regional land subsidence analysis in eastern Beijing plain by InSAR time series and wavelet transforms[J]. Remote Sensing，2018，10（3）：1-17.

[49]　HOOPER A. A multi-temporal InSAR method incorporating both persistent scatterer and small baseline approaches[J]. Geophysical Research Letters，2008，35（16）：1-5.

[50]　DEHGHANI M，VALADAN ZOEJ M J，HOOPER A，et al. Hybrid conventional and persistent scatterer SAR interferometry for land subsidence monitoring in the Tehran basin，Iran[J]. ISPRS Journal of Photogrammetry and Remote Sensing，2013，79：157-170.

[51]　HU L，DAI K，XING C，et al. Land subsidence in Beijing and its relationship with geological faults revealed by Sentinel-1 InSAR observations[J]. International Journal of Applied Earth Observation and Geoinformation，2019，82：1-10.

[52]　单新建，马瑾，宋晓宇，等. 利用星载 D-INSAR 技术获取的地表形变场研究张北—尚义

地震震源破裂特征[J]. 中国地震，2002，18（2）：119-126.

[53] FERRETTI A，PRATI C，ROCCA F. Nonlinear subsidence rate estimation using permanent scatterers in differential SAR interferometry[J]. IEEE Transactions on Geoscience and Remote Sensing，2000，38（5）：2202-2212.

[54] BERARDINO P，FORNARO G，LANARI R，et al. A new algorithm for surface deformation monitoring based on small baseline differential SAR interferograms[J]. IEEE Transactions on Geoscience and Remote Sensing，2002，40（11）：2375-2383.

[55] HOOPER A，ZEBKER H，SEGALL P，et al. A new method for measuring deformation on volcanoes and other natural terrains using InSAR persistent scatterers[J]. Geophysical Research Letters，2004，31（23）：1-5.

[56] BRUNORI C，BIGNAMI C，ALBANO M，et al. Land subsidence，ground fissures and buried faults：InSAR monitoring of Ciudad Guzmán（Jalisco，Mexico）[J]. Remote Sensing，2015，7（7）：8610-8630.

[57] KAMPES B M，ADAM N.The STUN algorithm for persistent scatterer interferometry[C]. Fringe，2005：1-14.

[58] Pablo，Blanco-Sánchez，Jordi J，et al. The coherent pixels technique（CPT）：an Advanced D-InSAR technique for nonlinear deformation monitoring[J]. Pure & Applied Geophysics，2008，165：1167-1193.

[59] PERISSIN D，WANG Z，LIN H. Shanghai subway tunnels and highways monitoring through Cosmo-SkyMed persistent scatterers[J]. ISPRS Journal of Photogrammetry and Remote Sensing，2012，73：58-67.

[60] 李德仁，廖明生，王艳. 永久散射体雷达干涉测量技术[J]. 武汉大学学报（信息科学版），2004，29（8）：664-668.

[61] 张勤，赵超英，丁晓利，等. 利用 GPS 与 InSAR 研究西安现今地面沉降与地裂缝时空演化特征[J]. 地球物理学报，2009，52（5）：1214-1222.

[62] 蔡国林,刘国祥,李永树. 一种基于小波相位分析的 InSAR 干涉图滤波算法[J]. 测绘学报，2008，37（3）：293-315.

[63] 魏志强,金亚秋. 基于蚁群算法的 InSAR 相位解缠算法[J]. 电子与信息学报,2008,30(3)：518-523.

[64] 何楚，石博，蒋厚军，等. 条件随机场的多极化 InSAR 联合相位解缠算法[J]. 测绘学报，2013，42（6）：838-845.

[65] 王军飞，彭军还，杨红磊，等. 改进积分法的 InSAR 相位解缠算法[J]. 测绘科学，2016，41（12）：85-88.

[66] 余洁，刘利敏，李小娟，等. 联合 EEMD_KECA 算法的 InSAR 干涉相位时频滤波[J]. 遥感学报，2019，23（1）：78-88.

[67] 汪友军，胡俊，刘计洪，等. 融合 InSAR 和 GNSS 的三维形变监测：利用方差分量估计的改进 SISTEM 方法[J]. 武汉大学学报（信息科学版），2021，46（10）：1598-1608.

[68] ZHANG S K，CHEN B B，GONG H L，et al. Three-dimensional surface displacement of the eastern beijing plain, China, using ascending and descending sentinel-1A/B images and leveling data[J]. Remote Sensing，2021，13（14）：1-26.

[69] YASTIKA P E，SHIMIZU N，ABIDIN H Z. Monitoring of long-term land subsidence from 2003 to 2017 in coastal area of Semarang，Indonesia by SBAS DInSAR analyses using Envisat-ASAR，ALOS-PALSAR，and Sentinel-1A SAR data[J]. Advances in Space Research，2019，63（5）：1719-1736.

[70] ZHANG B，WANG R，DENG Y，et al. Mapping the Yellow River Delta land subsidence with multitemporal SAR interferometry by exploiting both persistent and distributed scatterers[J]. ISPRS Journal of Photogrammetry and Remote Sensing，2019，148：157-173.

[71] HAGHSHENAS HAGHIGHI M，MOTAGH M. Ground surface response to continuous compaction of aquifer system in Tehran，Iran：results from a long-term multi-sensor InSAR analysis[J]. Remote Sensing of Environment，2019，221：534-550.

[72] CHAUSSARD E，AMELUNG F，ABIDIN H，et al. Sinking cities in Indonesia：ALOS PALSAR detects rapid subsidence due to groundwater and gas extraction[J]. Remote Sensing of Environment，2013，128：150-161.

[73] AMIGHPEY M，ARABI S. Studying land subsidence in Yazd province，Iran，by integration of InSAR and levelling measurements[J]. Remote Sensing Applications：Society and Environment，2016，4：1-8.

[74] DEL SOLDATO M，FAROLFI G，ROSI A，et al. Subsidence evolution of the Firenze-Prato-Pistoia plain（central Italy）combining PSI and GNSS data[J]. Remote Sensing，2018，10（7）：

1-19.

[75] LYU M，KE Y，GUO L，et al. Change in regional land subsidence in Beijing after south-to-north water diversion project observed using satellite radar interferometry[J]. GIScience & Remote Sensing，2020，7（1）：140-156.

[76] ZUO J，GONG H，CHEN B，et al. Time-series evolution patterns of land subsidence in the eastern Beijing plain，China[J]. Remote Sensing，2019，11（5）：1-19.

[77] YANG Q，KE Y，ZHANG D，et al. Multi-scale analysis of the relationship between land subsidence and buildings：a case study in an eastern Beijing urban area using the PS-InSAR technique[J]. Remote Sensing，2018，10（7）：1-20.

[78] LI Y，GONG H，ZHU L，et al. Characterizing land displacement in complex hydrogeological and geological settings：a case study in the Beijing plain，China[J]. Natural Hazards，2017，87（1）：323-343.

[79] CHEN B，GONG H，LEI K，et al. Land subsidence lagging quantification in the main exploration aquifer layers in Beijing plain，China[J]. International Journal of Applied Earth Observation and Geoinformation，2019，75：54-67.

[80] CHEN B，GONG H，LI X，et al. Spatial correlation between land subsidence and urbanization in Beijing，China[J]. Natural Hazards，2014，75（3）：2637-2652.

[81] CHEN B，GONG H，LI X，et al. Spatial-temporal evolution patterns of land subsidence with different situation of space utilization[J]. Natural Hazards，2015，77（3）：1765-1783.

[82] ZHU L，GONG H，LI X，et al. Land subsidence due to groundwater withdrawal in the northern Beijing plain，China[J]. Engineering Geology，2015，193：243-255.

[83] CHEN W，GONG H，CHEN B，et al. Spatiotemporal evolution of land subsidence around a subway using InSAR time-series and the entropy method[J]. GIScience & Remote Sensing，2016，54（1）：78-94.

[84] CAO J，GONG H，CHEN B，et al. Land subsidence in Beijing's sub-administrative center and its relationship with urban expansion inferred from sentinel-1/2 observations[J]. Canadian Journal of Remote Sensing，2021，47（6）：802-817.

[85] GUO L，GONG H，KE Y，et al. Mechanism of land subsidence mutation in Beijing plain under the background of urban expansion[J]. Remote Sensing，2021，13（16）：1-21.

[86] HU B，WANG H-S，SUN Y-L，et al. Long-Term Land subsidence monitoring of Beijing（China）using the small baseline subset（SBAS）technique[J]. Remote Sensing，2014，6（5）：3648-3661.

[87] CHEN B，GONG H，CHEN Y，et al. Land subsidence and its relation with groundwater aquifers in Beijing plain of China[J]. Sci Total Environ，2020，735：1-11.

[88] 王巍，朱庆川，时绍玮，等. 天津西青区地下水开采与地面沉降的关系[J]. 地质灾害与环境保护，2014，25（1）：76-81.

[89] 骆祖江，黄小锐. 区域地下水开采与地面沉降控制三维全耦合数值模拟[J]. 水动力学研究与进展，2008，25（5）：566-574.

[90] 唐益群，崔振东，王兴汉，等. 密集高层建筑群的工程环境效应引起地面沉降初步研究[J]. 西北地震学报，2007，29（2）：105-108.

[91] 张云，薛禹群，叶淑君，等. 地下水位变化模式下含水砂层变形特征及上海地面沉降特征分析[J]. 中国地质灾害与防治学报，2006，17（3）：103-109.

[92] 贾三满，王海刚，赵守升，等. 北京地面沉降机理研究初探[J]. 分析研究，2007，2（1）：20-26.

[93] BELL J W，AMELUNG F，FERRETTI A，et al. Permanent scatterer InSAR reveals seasonal and long-term aquifer-system response to groundwater pumping and artificial recharge[J]. Water Resources Research，2008，44（2）：1-18.

[94] GONG H，PAN Y，ZHENG L，et al. Long-term groundwater storage changes and land subsidence development in the North China plain（1971-2015）[J]. Hydrogeology Journal，2018，26（5）：1417-1427.

[95] 胡东明. 基于时间序列 InSAR 技术的西安市 2015—2019 年地表沉降监测研究[D]. 西安：长安大学，2020.

[96] MINDERHOUD P S J，COUMOU L，ERBAN L E，et al. The relation between land use and subsidence in the Vietnamese Mekong delta[J]. Sci Total Environ，2018，634：715-726.

[97] 唐益群，严学新，王建秀，等. 高层建筑群对地面沉降影响的模型试验研究[J]. 同济大学学报（自然科学版），2007，35（3）：320-325.

[98] 丁德民，马凤山，张亚民，等. 高层建筑物荷载与地下水开采叠加作用下的地面沉降特征[J]. 工程地质学报，2011，19（3）：433-439.

[99] 伊尧国，刘湘平，刘慧平，等. 建筑荷载作用下城市地面沉降地理信息模型：以天津市东

南部沉降区为例[J]. 北京师范大学学报（自然科学版），2017，53（6）：681-688.

[100] 雷坤超，马凤山，罗勇，等. 北京平原区现阶段主要沉降层位与土层变形特征[J]. 工程地质学报，2022，30（2）：432-441.

[101] 张云，薛禹群. 抽水地面沉降数学模型的研究现状与展望[J]. 中国地质灾害与防治学报，2002，13（2）：1-7.

[102] 郭小萌，宫辉力，朱锋，等. 基于矩阵的 GM（1，1）模型预测地面沉降：以北京市平原区为例[J]. 水文地质工程地质，2013，40（6）：101-116.

[103] 王祥雪，许伦辉. 基于深度学习的短时交通流预测研究[J]. 交通运输系统工程与信息，2018，18（1）：81-88.

[104] LI H, ZHU L, DAI Z, et al. Spatiotemporal modeling of land subsidence using a geographically weighted deep learning method based on PS-InSAR[J]. Sci Total Environ，2021，799：1-13.

[105] 梁斌，刘全，徐进，等. 基于多注意力卷积神经网络的特定目标情感分析[J]. 计算机研究与发展，2017，54（8）：1724-1735.

[106] 曹鑫宇，朱琳，宫辉力，等. 基于 AM-LSTM 网络的北京平原东部地面沉降模拟研究[J]. 遥感学报，2022，26（7）：1-13.

[107] 周毅，罗郧，郭高轩，等. 冲洪积平原地面沉降特征及主控因素：以北京平原为例[J]. 地质通报，2016，35（12）：2100-2110.

[108] DA LIO C, TOSI L. Land subsidence in the Friuli Venezia Giulia coastal plain, Italy: 1992-2010 results from SAR-based interferometry[J]. Sci Total Environ，2018，633：752-764.

[109] NEELMEIJER J，SCHöNE T，DILL R，et al. Ground deformations around the Toktogul Reservoir，Kyrgyzstan，from Envisat ASAR and Sentinel-1 Data—A case study about the Impact of atmospheric corrections on InSAR time series[J]. Remote Sensing，2018，10（3）：1-21.

[110] NG A H-M，GE L，DU Z，et al. Satellite radar interferometry for monitoring subsidence induced by longwall mining activity using Radarsat-2，Sentinel-1 and ALOS-2 data[J]. International Journal of Applied Earth Observation and Geoinformation，2017，61：92-103.

[111] LUO H，LI Z，CHEN J，et al. Integration of range split spectrum interferometry and conventional InSAR to monitor large gradient surface displacements[J]. International Journal of Applied Earth Observation and Geoinformation，2019，74：130-137.

[112] BAYER B，SIMONI A，MULAS M，et al. Deformation responses of slow moving landslides to seasonal rainfall in the Northern Apennines，measured by InSAR[J]. Geomorphology，2018，308：293-306.

[113] QU F，LU Z，ZHANG Q，et al. Mapping ground deformation over Houston–Galveston，Texas using multi-temporal InSAR[J]. Remote Sensing of Environment，2015，169：290-306.

[114] SUN H，ZHANG Q，ZHAO C，et al. Monitoring land subsidence in the southern part of the lower Liaohe plain，China with a multi-track PS-InSAR technique[J]. Remote Sensing of Environment，2017，188：73-84.

[115] SANSOSTI E，BERARDINO P，BONANO M，et al. How second generation SAR systems are impacting the analysis of ground deformation[J]. International Journal of Applied Earth Observation and Geoinformation，2014，28：1-11.

[116] 杨帅，高守亭. 三维散度方程及其对暴雨系统的诊断分析[J]. 大气科学，2007，31（1）：167-179.

[117] LI Y，GONG H，ZHU L，et al. Measuring spatiotemporal features of land subsidence，groundwater drawdown，and compressible layer thickness in Beijing plain，China[J]. Water，2017，9（1）：1-17.

[118] LEFEVER D W. Measuring geographic concentration by means of the standard deviational ellipse[J]. American Journal of Sociology，1926，32（1）：88-94.

[119] 何祎，雷晓东，关伟，等. 北京副中心地区燕郊断裂空间展布特征[J]. 物探与化探，2019，43（3）：461-467.

[120] 罗勇，胡瑞林，叶超，等. 北京市地面沉降单元划分方法探讨[J]. 工程地质学报，2017，25：95-106.

[121] CHEN B，GONG H，LI X，et al. Characterization and causes of land subsidence in Beijing，China[J]. International Journal of Remote Sensing，2016，38（3）：808-826.

[122] 崔艳娟，石水莲，邢秀娜. 中国包容性金融发展时空演变特征[J]. 经济地理，2021，41（1）：114-120.

[123] LYU M，KE Y，LI X，et al. Detection of seasonal deformation of highway overpasses using the PS-InSAR technique：a case study in Beijing urban area[J]. Remote Sensing，2020，12（18）：1-23.

[124] 杜东，刘宏伟，李云良，等. 北京市通州区地面沉降特征与影响因素研究[J]. 地质学报，2022，96（2）：712-725.

[125] 周超凡，宫辉力，陈蓓蓓，等. 利用数据场模型评价北京地面沉降交通载荷程度[J]. 吉林大学学报（地球科学版），2017，47（5）：1511-1520.

[126] 北京市水文地质工程地质大队. 北京地面沉降[M]. 北京：地质出版社，2018.

后 记

写到这里，博士论文进入尾声阶段，我的博士之旅也马上走到了终点。一段旅程的结束往往意味着一个新的开始，在迎来崭新的明天之前，请允许我在这里对各位专家、老师，以及所有关心与支持我的师长、家人、同事、同学、朋友表达我的感激之情！

一朝沐杏雨，一生念师恩。首先要特别感谢我的导师宫辉力教授，在本篇论文的写作过程中，从选题设计到实施、成文，再到修改、定稿，宫老师对每一个环节都付出了大量心力。师恩如雨、润物无声，宫老师严谨治学的科研作风、积极豁达的生活品格、勇攀高峰的学术精神，永远是我前进路上的光芒。得益于宫老师的鼓励和支持，我才勇于踏上攻博之路，改变了我的生活轨迹，导师如父，在此由衷感谢宫老师在学术上的教导与指引。同时感谢师母吕卫老师在生活、工作上无微不至的关怀，师母善于发现生活的美，永远是我人生路上的灯塔。有幸与恩师、师母相遇，两位恩师给予的温暖是我最大的力量源泉。

感谢首都师范大学资源环境与旅游学院重点实验室的培养。特别感谢李小娟教授对我学习、工作和生活的指导与帮助。感谢朱琳教授，您对学术严谨的态度深深地影响着我，您的教导和关怀我时刻铭记于心。感谢重点实验室的潘云、余洁、柯樱海、陈蓓蓓、高博、杨灿坤、高明亮、田金炎、周超凡和邓悦等老师，众位老师的帮助犹如推舟之水，使我的工作、学习和生活平稳顺利。感谢师门和研究课题组的小伙伴们，吴乐、雷瑾语、韩娇、朱雪骐、朱万田和王子健，我们相识甚短、相伴甚长，未来一起加油。感谢吕明苑、张可、周静平等好友，在读博期间带给我很多帮助和鼓舞，我们一起学习、共同进步，未来还要并肩同行。

更要感谢我的父母，给了我生命又抚养我成长！在本该退休享受美好生活之时，还要帮我照顾宝宝，让我能够充分利用夜晚时间专心学习相关科研知识！谢谢你们一直坚决支持我的所有选择，在背后默默付出！我常常想，一定是足够的爱支撑我走过这么远的路！感谢我的队友赵先生！感谢我的宝宝桐桐，是你来到我身边，让我成为母亲的角色，拥有了更坚强的意志力，与你一起长大是妈妈最大的幸福！最后我还要感谢自己，考博期间一边喂奶一边背英语单词的场景仍历历在目！希望自己在以后的道路上不忘初心，本色出演！

行笔至此，深觉不舍！在首都师范大学遇见的老师和同伴，是我最大的收获和财富！愿恩师身体健康，愿师门桃李遍布！